KB193961

코코지니의 친절한 원피스 교실

코코지니의 친절한 원피스 교실

초판 1쇄 발행 2021년 5월 26일
초판 3쇄 발행 2024년 5월 23일

지은이 유진희
펴낸이 이범상

펴낸곳 (주)비전비엔피 · 이덴슬리벨
기획 편집 차재호 김승희 김혜경 한윤지 박성아 신은정
디자인 김혜림 최원영 이민선
사진 방문수
일러스트 송주영
그레이딩 윤패턴
마케팅 이성호 이병준 문세희
전자책 김성화 김희정 안상희 김낙기
관리 이다정

주소 우)04034 서울특별시 마포구 잔다리로7길 12 1F
전화 02)338-2411 | **팩스** 02)338-2413
홈페이지 www.visionbp.co.kr
이메일 visioncorea@naver.com
원고투고 editor@visionbp.co.kr
인스타그램 www.instagram.com/visioncorea
포스트 post.naver.com/visioncorea

등록번호 제2009-000096호

ISBN 979-11-88053-85-8 13590

- 값은 뒤표지에 있습니다.
- 파본이나 잘못된 책은 구입처에서 교환해 드립니다.

코코지니의
친절한 원피스 교실

재봉틀로 만들 수 있는
원피스의 모든 것

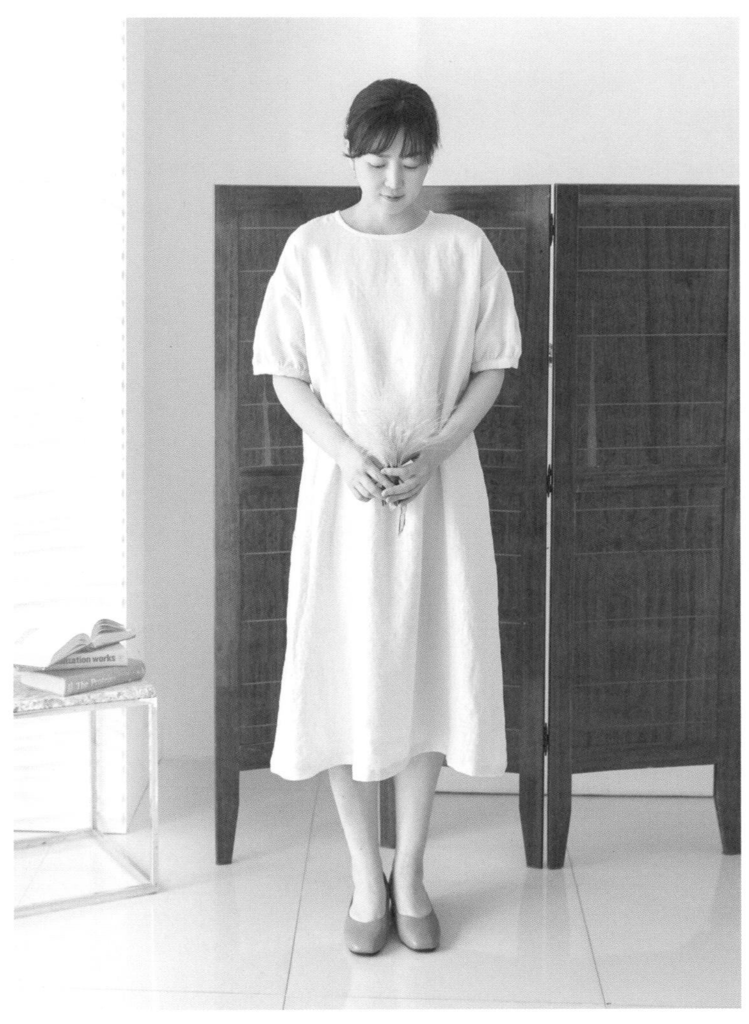

유진희 지음

이덴슬리벨

《코코지니의 친절한 원피스 교실》을 출간하며

예쁜 옷을 보면 사고 싶은 생각이 들어야 하는데 만들고 싶다는 생각이 들었다. 여기서부터 잘못된 것이다. 사서 고생이 시작된 것이다. 불편하고 시간 들고 어깨 결리고, 어쩌면 비용도 더 드는데 굳이 만들고 싶다니. '이건 그냥 팔자다.' 생각하며 웃는다. 그 와중에 다행인 것은 나 같은 사람이 의외로 많다는 것이다. 외롭지 않다.

입문은 이렇게 시작된다. 내게 어울리는 색감과 디자인을 내가 직접 선택하여 내 옷을 만들어 입고 싶다. 심지어 주변 사람에게도 만들어 주고 싶다. 아무도 만들어 달라고 하지 않았는데 그러고 싶다. (특히 내 아이에게 입히고 싶거나, 형제자매끼리 같은 옷을 입히고 싶은 마음, 또는 나와 똑같은 커플룩을 만들어 함께 입는 것은 엄마라면 한번쯤 꿈꿔 봤을 법한 로망일 것이다.) 하지만 막상 만들어 보면 이것이 그리 간단하지 않다는 것을 깨닫는다.
머릿속으로 생각한 만큼 잘 되지 않는 것이 바로 옷 만들기다. 입체적인 사람의 몸에 맞게 만들어야 하는데, 이는 전문적으로 패턴을 배웠거나 또는 누군가가 상황에 맞게 상세하게 가르쳐 줘야 가능한 것이다. 이쯤 깨달았을 때 '보통 일이 아니구나...' 생각하고 그냥 사 입으면 되련만 문제는 이게 또 재미있다는 거다. 어딘가 어색하고 만든 티가 나더라도 좋다고 입고 다니며 다음 옷을 구상한다. 나 역시 이 재미를 버리지 못해 여기까지 왔다. 머릿속에 만들고 싶은 옷이 그려지는 순간부터 행복하다. 원단을 고르고 기다리는 동안은 설레고, 자르고 바느질하는 과정은 신나고 기대된다. 모든 과정이 행복이고 활력이다. 이렇게 즐거운 마음으로 만든 옷의 결과물까지 흡족하면 얼마나 좋겠는가.
처음으로 옷을 만들었던 때가 생생히 기억이 나는데, 당시 나는 소품과 간단한 가방 정도를 만들 때였다. 우연히 오프숄더 스타일 블라우스를 보고는 이 정도 간단한 디자인이면 내가 생각한 대로 대강 만들어도 될 것이라 생각했다. 하지만 기대와는 달랐다. 흉내는 냈는데 어딘가 불편하고 어색하고 만든 티가 많이 나서 입을 엄두를 내지 못했다. 소품이나 가방을 만드는 것과 옷은 전혀 다른 영역이었던 것이었다. 속상했고 실망했던 기억이 아직도 남아 있다.

당시의 나처럼 지금도 옷을 만들고는 싶은데 배우지 못하고 경험이 없어 그저 망설이고 있는 분이 많으리라 생각한다. 이 책은 그런 독자에게 도움이 되고 싶은 마음으로 만들었다.

구성과 내용은 초심자의 입장에 맞춰서 썼다. 책에 사진과 설명으로 다룬 내용을 동영상으로 제작하여 QR코드를 첨부하였다. 어쩌다 보니 갖게 된 '친절하다'는 별명처럼 하나하나 옆에서 짚어주듯 알려주고 싶은 마음으로 비교적 쉬운 과정이더라도 봉제법 중심으로 모두 촬영하고 녹음했다. 재봉틀의 방향도 만드는 사람의 시선에서 볼 수 있게 내 자리에 카메라를 설치하고 작업했다. 실제 수업을 현장에서 받는 것 같은 효과를 볼 수 있을 것이다.

과정도 단계별로 나누었다. 재단하기, 몸판 만들기, 소매 만들기, 칼라와 목둘레 트임 등 구분할 수 있는 것은 모두 나누어 각기 독립된 짧은 수업으로 만들었다. 원하는 옷을 정한 뒤 필요한 부분만 쏙쏙 골라 책을 읽고 동영상을 보면 된다. 스마트폰만 있으면 언제 어디서든 반복해서 보고 배울 수 있다. 재봉틀 옆에 영상을 틀어 놓고 작업하는 것도 좋을 것이다.

함께 수록된 패턴은 넉넉하게 맞는 편안한 스타일로 제작했다. 만든 옷이 어딘가 불편하다는 것을 나 또한 잘 알기에 패턴을 뜨고 입어 보고, 고치고 입어 보고 고치고, 아주 많은 수정을 거쳤다. 불편하거나 어색하지 않을 것이다. 구입해서 입는 넉넉한 사이즈의 옷만큼 편안함을 지닌 작품을 완성하게끔 해 주리라 믿는다. 사시사철 활용할 수 있게 기본 원피스는 모든 소매를 다 그려 넣기도 했다. 원단을 다르게 하고, 짧은 소매, 7부 소매, 긴 소매를 적절하게 활용한다면 아주 다양한 옷을 만들 수 있을 것이다.
어려운 옷은 많이 다루지 않았으니 이 책이 입문서로서 그 역할을 잘 해냈으면 좋겠다. 초보의 입장으로 꼼꼼하게 만들고자 했던 마음도 잘 전해졌으면 한다.

부족한 내가 좋아하는 일을 계속할 수 있게 응원해 주고 코코지니의 옷을 좋아해 준 수많은 분이 이 책을 낼 수 있게 해 준 분들이다. 이 지면을 빌려 진심으로 고마운 마음을 함께 전한다.

코코지니 유진희

Contents

Part 3

옷 만들기

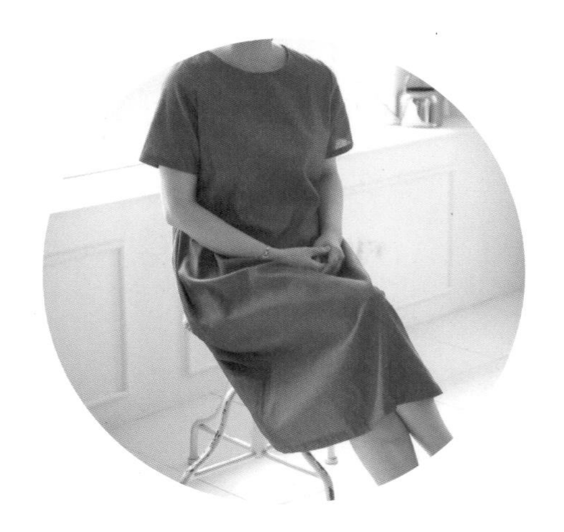

05
기본 원피스
page · 103

06
셔링넥 원피스(7부 소매)
page · 107

07
핀턱 원피스
page · 111

08
허리 주름 원피스
page · 114

09

앞트임 칼라 원피스

page · 117

10

V넥 일자 포켓 원피스

page · 120

11

V넥 프릴 원피스

page · 123

12

슬림핏 기본 원피스

page · 126

13

슬림핏 플레어 원피스

page · 129

14

루즈핏 소매 주름 원피스

page · 132

15

루즈핏 롱셔츠 원피스

page · 135

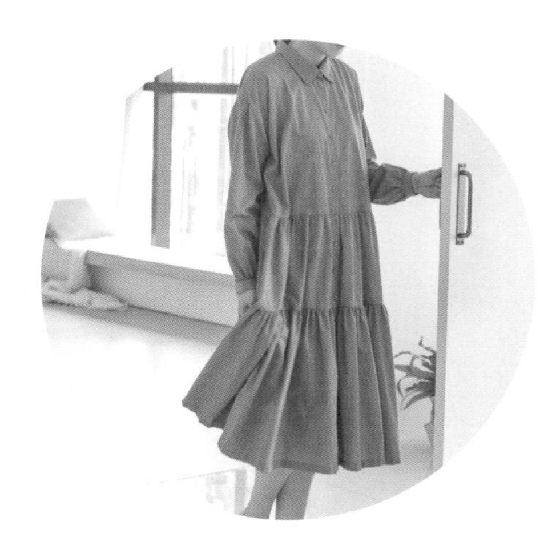

16

루즈핏 프릴 셔츠 원피스

page · 138

17
밴딩 스커트
page · 141

18
민소매 핀턱 튜닉
page · 144

19
프릴 블라우스
page · 147

이 책 100% 활용하기

각 장의 Ready 활용법

 하나!

실물 패턴을 참고하여 그림대로 재단하기!

별도의 시접 사이즈 표시가 없는 조각들은 실물 패턴에 시접을 포함한 사이즈를 그린 것이다. 스커트 프릴같이 큰 직사각형은 실물 패턴에 그리지 않고 재단 사이즈를 표로 제공하였는데 이도 시접을 포함한 사이즈이다. (옆선 1.5cm, 밑단 3cm, 위 1cm)

 둘!

제시한 원단 소요량은 대폭(147cm) 기준으로 넉넉하게 계산한 것!

사이즈가 작거나 효율적으로 재단할 수 있다면 제시된 소요량보다 적게 들 수도 있고, 반대로 주름이나 핀턱을 추가하거나 긴소매로 만든다면 제시된 소요량보다 많이 들 수도 있다.

 셋!

완성 사이즈는 측정 방식에 따라 1~2cm의 오차가 있을 수 있으니 참고하자!

소매 길이와 원피스 총장은 완성 사이즈 표를 참고해 본인 체형에 맞게 조금씩 수정하는 것이 더 좋다.

실물 패턴 활용법

미리 패턴지로 옮겨 그려 두자!

종이로 제공되는 실물 패턴은 접었다 폈다를 반복할수록 훼손되기 쉽기 때문에 가급적이면 미리 패턴지에 옮겨 그려 두는 것이 좋다. 패턴지에 옷 이름, 사이즈, 날짜 등을 적어 두고 돌돌 말아서 만들었던 원단조각으로 묶어서 보관하면 필요할 때마다 손쉽게 찾아 쓸 수 있다.

각자가 원하는 스타일로 연출해 보자!

실물 패턴을 여러 가지로 활용하면 책에 소개된 옷 외에 수십 가지의 응용된 디자인을 만들어 낼 수 있다. 소매 길이를 바꾸거나 스커트 프릴을 붙이거나 뗄 수도 있으므로 각자가 원하는 스타일로 연출해 보자.

♈ 이 책의 구성과 활용법에 대한 자세한 내용은 p27 '이 책의 구성 및 활용법'에서 확인하자. 옷 만드는 과정을 시작하기 전에 꼭 읽어 보는 것이 좋다.

옷 만들기 전에 알아야 할 것들

Lesson 1

옷 만들기 과정 한눈에 보기

1 디자인 선택

계절, 실용성, 난이도 등을 고려해 만들고 싶은 디자인을 결정한다.

2 원단 준비

디자인에 어울리는 색감과 질감의 원단을 준비한다.

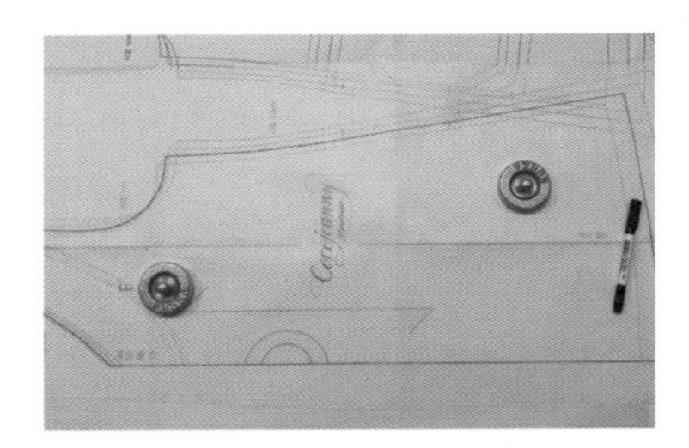

3 패턴 그리기

적절한 사이즈의 패턴을 선택하여 패턴지에 옮겨 그린다.

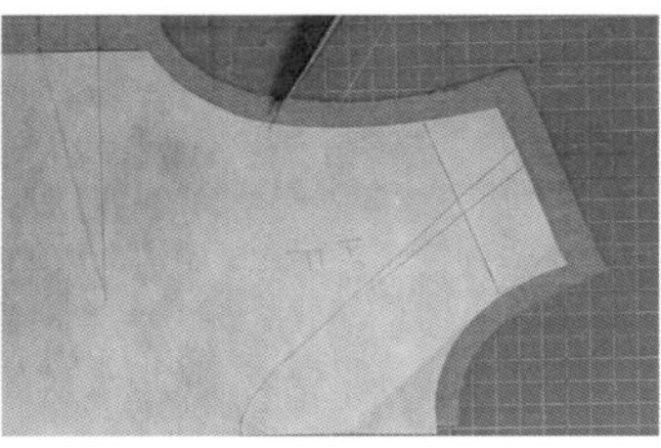

4 마름질

① 선세탁, 다림질 등 원단에 필요한 밑 작업을 한다.

② 원단 위에 패턴을 올리고 완성선과 시접선을 그린 뒤, 시접선을 따라 자른다.

③ 맞춤점, 다트, 단추, 주머니 등 표시가 필요한 곳에 실표뜨기 하거나 너치를 준다.

④ 보강이 필요한 곳이 있다면 심지 작업을 한다.

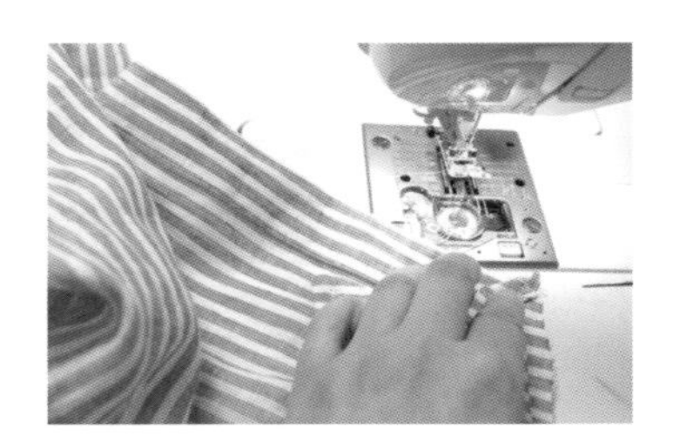

5 봉제

몸판 연결, 소매 연결, 목둘레 및 칼라, 밑단 등을 봉제한다. 중간에 주머니나 주름 같은 장식이 필요할 때도 있다.

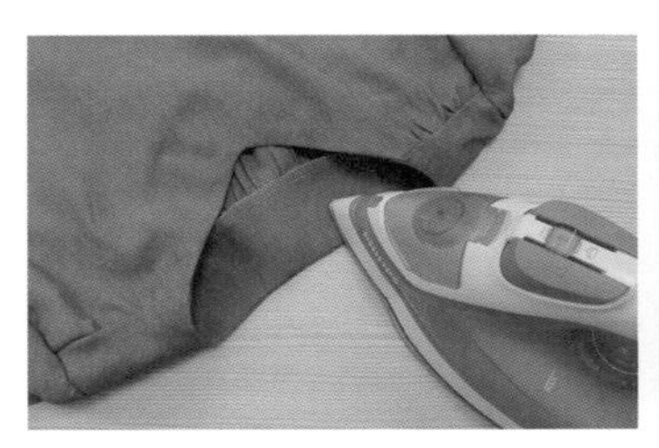

6 마무리

안단 고정, 다림질, 벨트 만들기, 단추 달기 등 후반 작업을 한다.

Lesson 2

준비물

재봉틀

본봉

- 내구성이 좋고 소음이 적고 힘이 좋은 재봉틀을 사용한다.
- 기본 기능이 있고 힘 있는 기본 재봉틀이면 충분히 옷을 만들 수 있다.
- 미니 재봉틀은 권장하지 않는다.

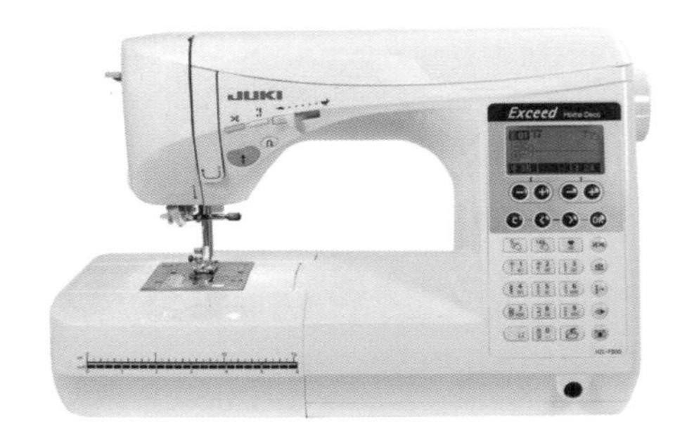

- 속도 조절, 자동 사절, 노루발 리프트 기능이 있는 고급 재봉틀을 사용하면 작업이 더 쉽고 빨라진다.
- 고급 사양일수록 바늘땀이 고르고, 두꺼운 원단도 무리 없이 재봉할 수 있다.

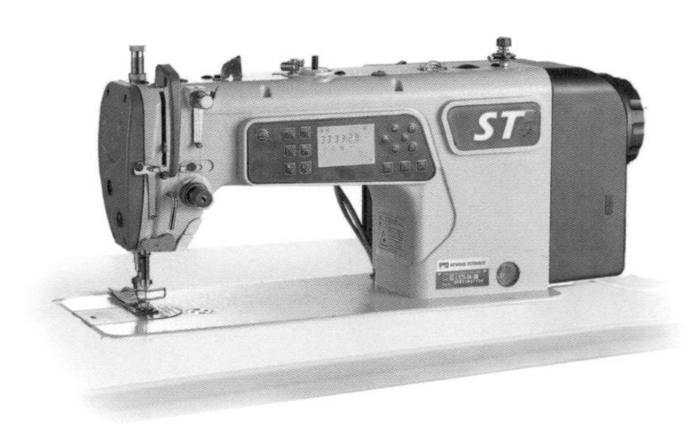

- 공업용 재봉틀은 지그재그나 단춧구멍 같은 패턴 기능은 없지만 힘과 속도가 월등히 좋다.
- 작업량이 많거나 튼튼한 바느질을 원하면 공업용이 좋다.

오버로크

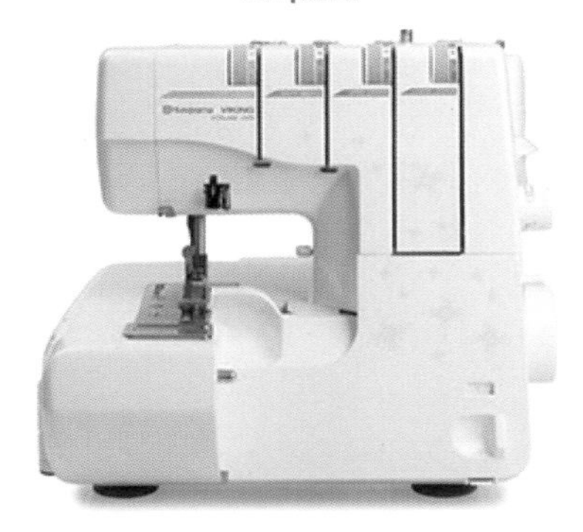

옷감의 가장자리 마감을 위한 오버로크 전용 재봉틀이다. 일반 재봉틀(본봉)에 내장되어 있는 지그재그 패턴을 이용해도 되지만, 전용 기계를 사용하면 완성도가 더 높아진다.

TIP

재봉틀 사용법 및 주의할 점

- 재봉틀은 윗실과 밑실을 바른 방법으로 끼우고 청소 등 관리만 잘 해 주면 고장이 거의 생기지 않는다.
- 원단과 바늘 종류에 따라 실의 장력을 조절해야 하는 경우도 있다.
- 실 끼우기와 장력 조절 등 재봉틀 기본 사용법은 기종마다 조금씩 다르지만 큰 틀은 같다. 자세한 과정은 동영상을 참고한다.

부자재

재봉 부자재에는 제도용품, 재단용품, 봉제용품, 재봉틀 액세서리 등이 있다. 종류가 아주 다양하므로 여기서는 이 책에 소개된 옷을 만들 때 필요한 최소한의 용품만 소개한다. 이 밖의 부자재는 동영상을 참고한다.

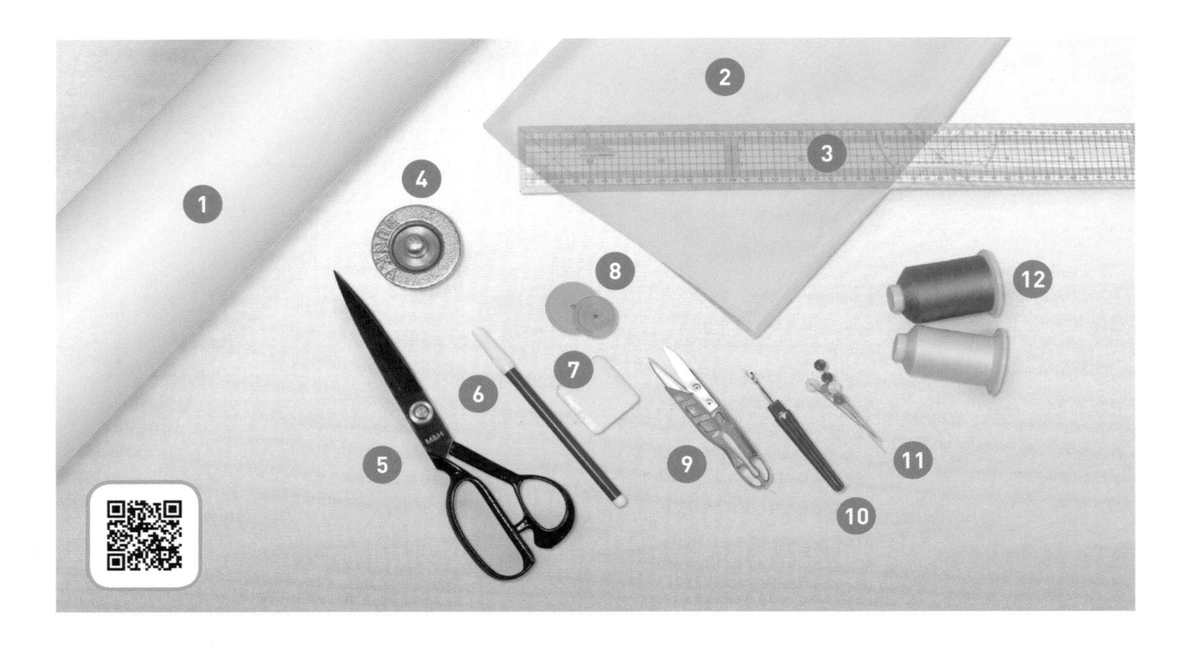

1 패턴지(부직포) : 종이에 프린트된 패턴을 베끼기 위한 것으로, 비치면서 잘 구겨지지 않아야 한다.

2 심지 : 칼라나 트임 등 원단에 힘이 있어야 하는 부분에 사용하며, 주로 한쪽 면에 풀이 묻어 있어 다림질로 원단에 부착한다. 의류에는 보통 실크 심지를 사용한다.

3 그레이딩 자 : 선을 그릴 때 사용하는 방안자로, 일정한 시접을 주며 그릴 때 편리하다.

4 문진 : 패턴이나 원단이 움직이지 않게 누르는 용도로 사용한다. 다른 무거운 물건으로 대신해도 된다.

5 재단 가위 : 원단을 자를 때 사용하며, 원단 외의 물건은 자르지 않는 것이 좋다.

6 수성펜 : 원단 위에 선을 그리는 펜으로 물에 닿으면 지워진다.

7 초자고 : 원단 위에 선을 그리는 초이며 열을 가하면 지워진다.

8 시접라이너 : 곡선 부분의 시접을 일정하게 그릴 수 있는 도구이다. 필수 부자재는 아니지만 매우 편리하다.

9 쪽가위 : 실밥을 자르는 작은 가위이다.

10 실뜯개 : 잘못 박은 바늘땀을 뜯어내는 도구이다.

11 시침핀 : 원단 봉제 시 움직이지 않게 고정하는 용도로 사용하며, 원단용 시침핀을 써야 한다.

12 실 : 일반 봉제사도 좋지만 코아사를 추천한다. 코아사는 잘 끊어지지 않아 옷의 뜯어짐을 방지한다.

1 원단의 종류

니트 & 직기

니트는 코를 얽어서 만든 편물(메리야스)을 뜻하며 유아 실내복, 맨투맨 티셔츠 등 신축성 있는 옷을 만들 때 사용한다. 직기는 니트와 반대되는 개념으로, 늘어나지 않는 원단을 통칭한다. 이 책에서는 직기만을 다루었다.

선염 & 나염(날염)

선염은 염색된 실로 직조한 원단으로, 앞뒷면의 색상이 같다. 나염은 원단 직조 후에 무늬를 염색하므로 앞면과 뒷면이 구분된다.

천연섬유 & 합성섬유 & 재생섬유

· 천연섬유 : 동물, 식물, 광물에서 직접 얻을 수 있는 섬유로 면, 마, 견, 모 등이 있다.
· 합성섬유 : 석유, 석탄 등을 원료로 하여 화학적으로 합성한 섬유로 나일론, 아크릴, 폴리에스테르, 폴리우레탄, 폴리프로필렌 등이 있다.
· 재생섬유 : 섬유소 또는 섬유의 형태로 되어 있지 않은 물질을 가공하여 섬유로 만든 것으로 레이온(인견), 아세테이트 등이 있다.

2 원단의 두께

실 두께를 표현하는 단위인 '수'로 원단의 두께를 표현한다. 10수는 두껍고 60수는 얇다. 의류용 원단은 30~40수가 적당하고 가공이 잘되어 있다면 20수도 괜찮다. 60수는 여름옷으로 좋지만 비칠 수도 있다. 하지만 같은 수라도 직조 방법이나 원료에 따라 두께가 다를 수 있으므로 숫자에 절대적으로 의존하지 않는 것이 좋다.

3 추천 원단

이 책에 소개된 옷을 만들 때에는 면과 리넨, 또는 두 가지가 혼방된 코튼리넨이 좋다. 부드러움을 위해서는 레이온 혼방도 좋고, 신축성을 원한다면 폴리우레탄 혼방이 좋다. 해지는 색감이 무난해서 실패할 확률이 낮고, 시어서커는 시원해서 여름에 좋다. 제일 추천하는 원단은 퓨어리넨이다.

면(코튼)

목화에서 뽑아낸 섬유로 흡습성과 통기성이 좋다. 감촉이 부드럽고 세탁과 열에 강하지만 구김이 있다.

마(리넨)

아마로 짠 섬유로, 흡습성과 통기성이 좋고 몸에 달라붙지 않아 시원하다. 잘 구겨진다는 단점이 있으나 자연스럽고 멋스럽다.

코튼리넨

면과 리넨의 혼방으로, 100% 리넨보다 짜임이 촘촘하고 단단하며 부드럽다. 구김이 덜하고 사용하기 쉽다.

퓨어리넨

혼방되지 않은 100% 리넨으로, 혼방된 리넨과 구별하기 위해 '퓨어리넨'이라는 별도의 용어를 쓴다. 고급 원사를 사용하고 가공이 잘된 퓨어리넨은 구김도 부드럽고 자연스럽게 몸에 감기므로 고급스러운 옷을 만들 때 주로 사용한다.

해지

얇게 마모된 듯 바랜 느낌의 원단을 흔히 해지라고 부른다. 해지 원단은 주로 경사와 위사를 색상이 있는 실과 흰 실로 나누어 사용하는데, 얇고 부드러우며 바랜 듯한 자연스러운 색감이 특징이다. 코튼해지, 리넨해지 등이 있다.

시어서커(리플)

리플 가공을 거친 면의 일종으로 오그라든 무늬가 특징이다. 시원하고 달라붙지 않아 여름용 원단으로 많이 쓰인다. 흔히 지지미라고도 부른다.

원단 고르기

만들 옷에 어울리는 원단을 고르는 일이 제일 중요하면서 가장 어렵다. 특히 인터넷 구매 시 직접 만져 보지 못해서 실패하는 경우가 많다.

같은 면, 같은 리넨이라도 혼용률과 가공법 등에 따라 재질이 달라지므로 원단의 이름만 보고 다 같은 원단이라고 생각하면 안 된다. 상품명에 똑같이 '퓨어리넨 30수'라고 쓰여 있어도 막상 받아 보면 느낌이 제각각이다. 그래서 초보들은 실패하는 경우가 많다.

원단의 이름과 수에서 재질과 두께를 파악하되 부가적인 특징을 더 알아내야 한다. 원단 설명에 드레이프(부드럽게 차르륵 떨어짐), 스판성(신축성 있음), 새틴 또는 능직(광택이 돎), 워싱(수축이 덜하고 자연스러운 느낌) 등의 단어가 있는지 확인한다. 원단 소개에 제시된 활용법도 참고한다. '이 원단은 리빙, 소품, 의류용으로 좋아요'라는 말은 의류용으로도 가능하지만 리빙 소품에 더 적합하다는 표현을 돌려 말한 것일 수도 있다. 판매처의 Q&A에 구체적인 특징을 문의하는 것도 좋은 방법이다.

패턴

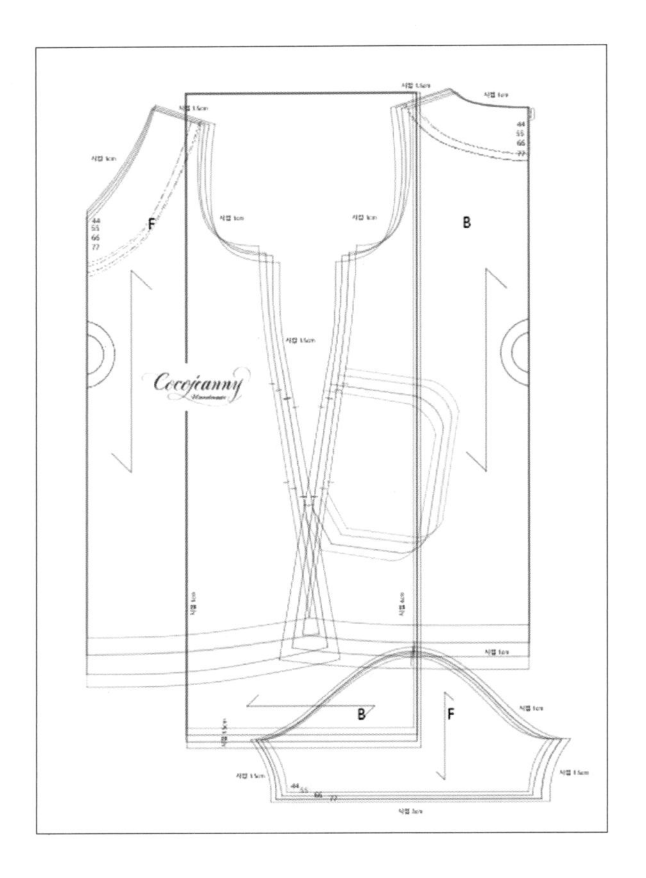

옷을 만들기 위해서는 흔히 패턴이라고 부르는 옷본이 필요하다. 내 몸에 맞게 직접 패턴을 그릴 수 있다면 좋겠지만 쉽지는 않다. 정교하게 맞아야 하는 정장류가 아니라면 시중의 패턴을 사용해도 충분하다. 여러 패턴으로 옷을 만들다 보면 나에게 유난히 잘 맞는 것이 있는데, 이를 토대로 블라우스나 원피스, 점퍼스커트 등으로 다양하게 응용하면 더 좋다.

Lesson 3

용어 및 기호

용어

원단 관련 용어

식서 방향

식서는 올이 풀리지 않도록 짠 천의 가장자리를 의미한다. 식서 방향은 대부분 원단이 감겨 있는 방향을 말하고, 잘 늘어나지 않는다.

푸서

식서의 수직선 방향으로, 올이 잘 풀어지며 늘어난다.

바이어스 방향

원단의 대각선 방향을 뜻하며 잡아당기면 원단이 잘 늘어난다.

마름질

옷감을 옷본(패턴)에 맞추어 자르고, 맞춤점이나 이음선 등 필요한 부분에 표시하는 일련의 과정을 뜻한다.

선세탁

원단을 사용하기 전에 하는 세탁으로, 천의 물 빠짐과 수축을 방지하고 올을 바로잡아 준다.

원단 두께

10수, 30수, 60수 등 숫자로 원단의 두께를 알 수 있다. 숫자가 클수록 얇은 원단, 작을수록 두꺼운 원단을 뜻한다.

바느질 관련 용어

패턴

작품을 만들기 위한 본을 뜻한다. 시접이 포함된 패턴이 있고 시접 없이 완성선만 있는 패턴이 있다.

솔기

원단과 원단을 봉합(재봉)했을 때 생기는 선을 말한다.

시접

솔기가 접혀 들어간 부분, 즉 바느질하는 선부터 천 가장자리까지의 나비를 뜻한다.

상침

장식 효과와 더불어 형태를 안정시키기 위해 위에서 눌러 박는 바느질.

가위집

천 끝단에 가위로 벤 자리를 말한다.

너치

두 장을 정확히 맞추는 데 사용하는 표시. 주로 가위집을 내어 표시한다.

되돌아 박기

원단의 올 풀림을 막기 위해 재봉의 시작과 마감 시 후진과 전진을 두세 번 반복하여 재봉하는 방법이다.

골선

원단을 반으로 접었을 때 중심이 되는 선(일종의 대칭축). 골선을 기준으로 좌우 모양이 똑같은 패턴을 그려 재단하면 된다.

패턴 기호

패턴에 표시된 의미를 알면 옷 만들기가 수월해진다. 자주 나오는 기호 위주로 소개한다.

기호	의미	기호	의미
	완성선		심지
또는	골선		늘림
	안단선		줄임
	치수 보조선		오그림
	등분선		주름
	식서 방향		선의 교차
	바이어스 방향		형지를 맞추어 재단
	직각		외주름
	다트		맞주름
	단추		절개
	단춧구멍	☆ △ ◫ ●	동일 치수

Lesson 4

이 책의 구성 및 활용법

이 책의 가장 큰 특징은 실물 패턴과 부분 봉제 동영상이다. 부록으로 수록된 실물 패턴 중에서 원하는 디자인과 사이즈를 선택하여 패턴을 준비하고, QR 코드로 제공된 동영상을 보며 만드는 과정을 확인하면 된다. 사진으로 표현하기 어려운 디테일과 지면의 한계를 동영상으로 보완한 것이 큰 장점이다.

대개 옷 만드는 전체적인 과정은 모두 비슷하고 디자인에 따라 디테일만 조금씩 다르다. Part 3의 5번 '기본 원피스'에서 가장 기본 스타일의 원피스 만드는 과정을 자세하게 다루었으므로 이를 먼저 만들어 보기를 권한다. 이를 통해 옷 만드는 일련의 과정을 상세히 익히고, 다른 옷에서는 새롭게 등장하는 디테일만 해당 부분 봉제법을 참고하면서 만들면 된다. 디테일이 어렵다면 쉬운 방법으로 바꾸어 만들어도 된다.

소매, 목둘레, 트임, 칼라 등 각 부분의 봉제 방법을 독립적으로 모듈화했기 때문에, 실물 패턴과 부분 봉제 방법을 조합하여 다양한 디자인으로 활용할 수 있다. 예를 들어 잘 맞는 패턴에 앞트임을 주고, 허리는 절개하여 주름을 만들고, 소매는 긴팔로 바꾸는 응용이 가능하다.

아직 옷 만들기에 익숙하지 않은 초보라면 난이도가 낮은 옷을 몇 벌 만들고 난 후에 원하는 스타일로 직접 디자인해서 새로운 옷을 만들어 보자.

TIP 실물 패턴 활용법

- 제공된 실물 패턴을 서로 조합하면 새로운 스타일을 만들 수 있다. 소매길이를 바꾸거나 목둘레를 바꾸거나 스커트 프릴을 붙이거나 떼거나 하는 등의 다양한 방법이 있다.
- 활용 예시를 설명하면 다음과 같다. 5~9번까지의 진동둘레는 모두 같고, 이에 맞는 소매를 6가지 제공하였다. 5~7번 옷의 목둘레는 트임 없이 쉽게 입었다 벗었다 할 수 있는 넓은 스타일이고, 8~9번은 좁은 목둘레에 트임을 주는 스타일이므로 이 역시 섞어서 사용해도 된다. 14~16번도 3가지 스타일의 소매를 제공하였다.
- 각 원피스에 블라우스 라인도 사이즈별로 그려 넣었다. 이처럼 실물 패턴을 여러 가지로 활용하면 책에 소개된 옷 외에 수십 가지의 응용된 디자인을 만들어 낼 수 있다.

옷 만들 때 필요한 부분 봉제법

Lesson 1

봉제 전 사전 작업

원단 준비

1 선세탁

원단을 사용하기 전에 하는 세탁으로, 천의 물 빠짐과 수축을 방지하고 올을 바로잡아 준다. 일반적인 빨래처럼 세제를 풀어 비비고 탈수하는 것이 아니라 물에 충분히 푹 담갔다가 자연스럽게 말리면 된다.

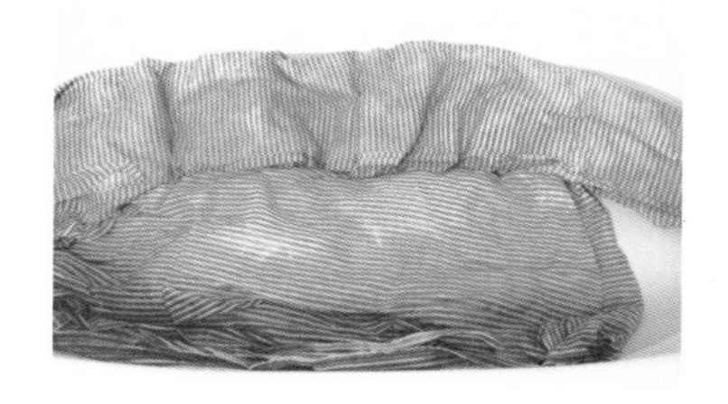

1 욕조와 같이 넓은 공간에 물을 받고 원단을 담근다.

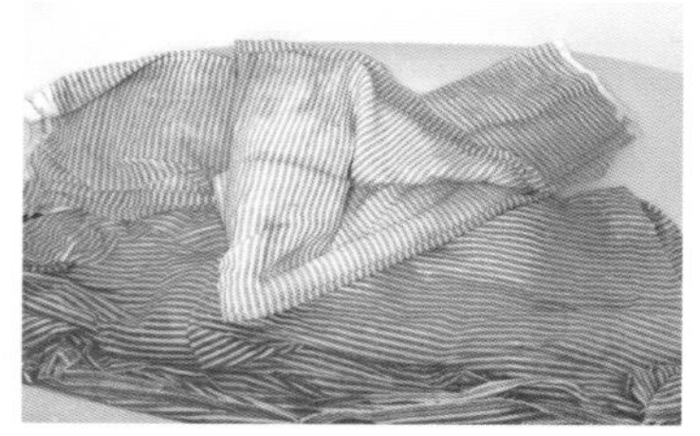

2 원단이 여러 겹으로 접혀 있으므로 원단 안쪽까지 물에 다 젖을 수 있도록 충분히 푹 담가 둔다.

3 물기를 손으로 최대한 짠다. 탈수기는 사용하지 않는다.

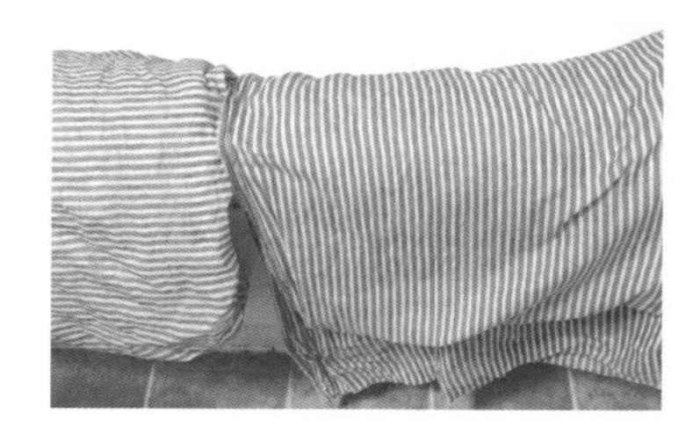

4 욕조 턱에 받쳐 두어 먼저 뚝뚝 떨어지는 물기만 뺀다.

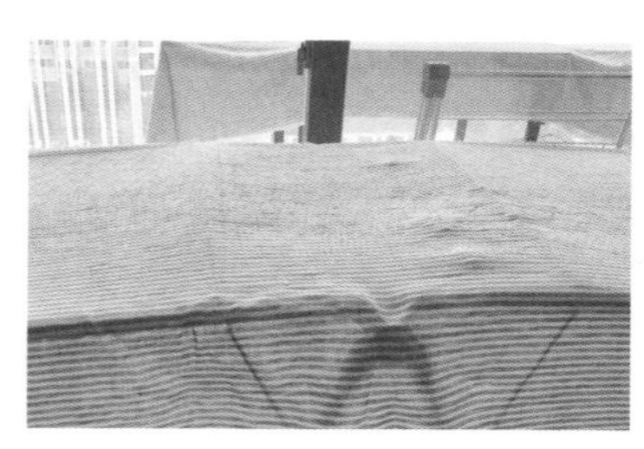

5 햇볕에 말린다.

6 말리는 과정에서 튀어나온 부분은 다리미로 다리고 잘 접어서 보관한다.

2 다림질

재단하기 전에 다림질을 하여 원단을 고르게 펴고 올을 정리한다. 원단을 잘 다리지 않으면 옷의 크기나 방향에 오차가 생길 수 있다.

패턴 옮겨 뜨기

실물 패턴에서 필요한 디자인과 사이즈를 골라 다른 곳에 옮겨 사용한다. 이때 속이 비치고 구겨지지 않는 부직포 패턴지를 사용한다.

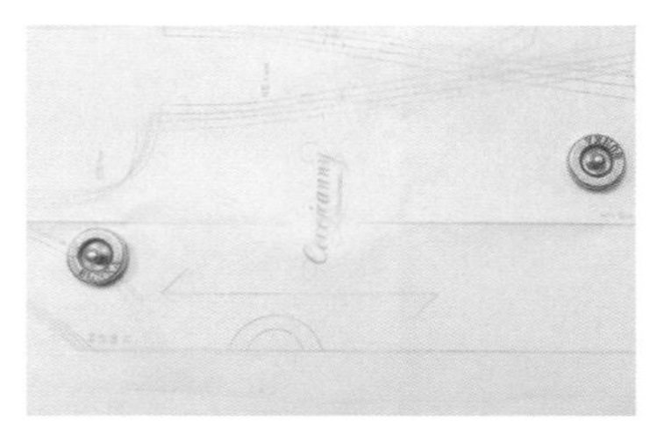

1 실물 패턴 위에 패턴지를 올려놓고 문진 등 무거운 물건으로 패턴지가 움직이지 않게 고정한다.

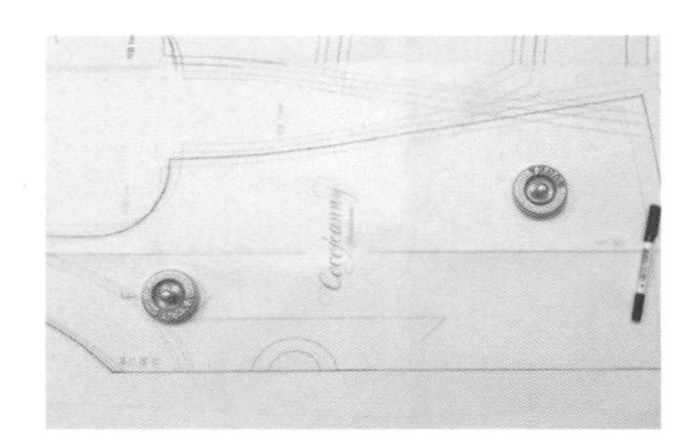

2 원하는 패턴을 베껴 그린다.

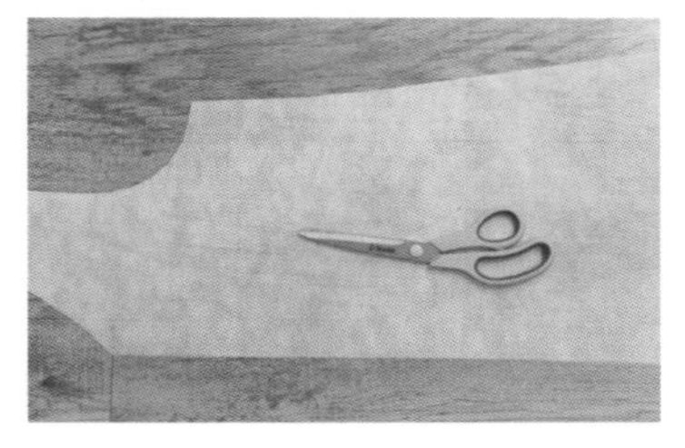

3 선을 따라 패턴지를 자른다. 맞춤점, 다트, 주머니 및 단추 위치 등을 펜이나 가위집으로 표시한다.

재단하기

실물 패턴에서 베낀 패턴을 원단에 옮겨 그리고 자른다. 표시가 필요한 부분에는 너치를 준다. 너치는 원단을 연결할 때 맞춰야 하는 곳에 주는 표시로, 가위집을 주거나 지워지는 펜 등으로 표시한다.

1 원단 고정

1 원단을 잘 펼치고 패턴을 올려놓는다.

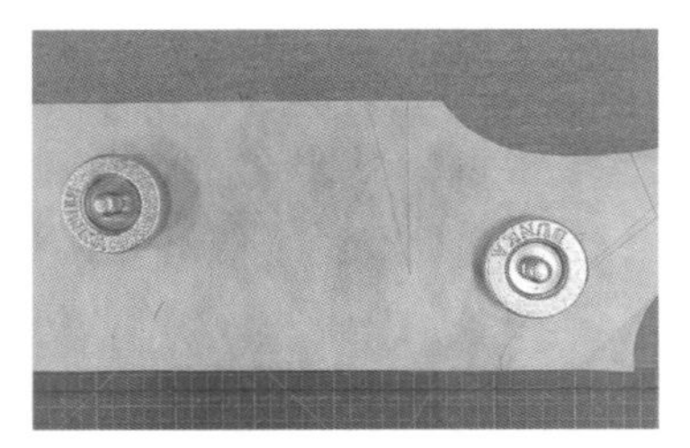

2 문진 등 무거운 것을 올려놓거나 시침핀으로 고정하여 원단과 패턴이 움직이지 않게 한다.

2 선 그리기

1 완성선과 시접선을 각각 그린다. 직선은 시접자로 반듯이 그린다.

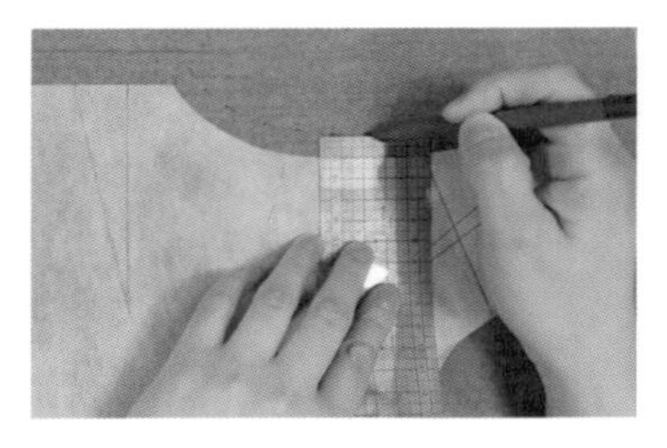

2 곡선은 방안자로 짧은 직선을 여러 개 그려 연결한다.

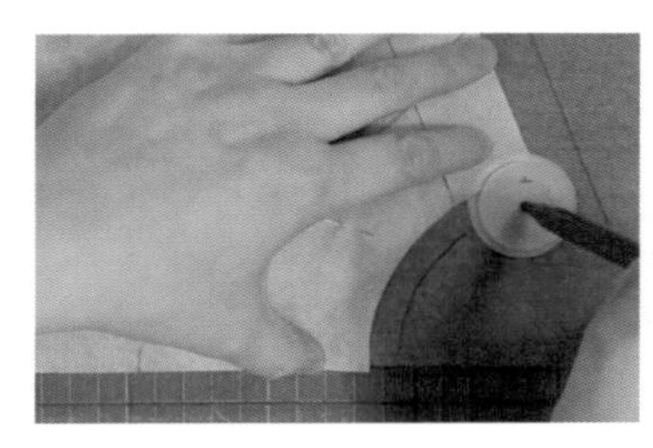

3 시접라이너를 사용하여 곡선을 그리면 정확하고 편리하다.

4 통이 좁아지는 패턴의 시접은 완성선 기준으로 대칭이 되도록 넓어지게 그린다. 반대로 통이 넓어지는 패턴은 완성선 기준으로 대칭이 되도록 좁아지게 그린다.

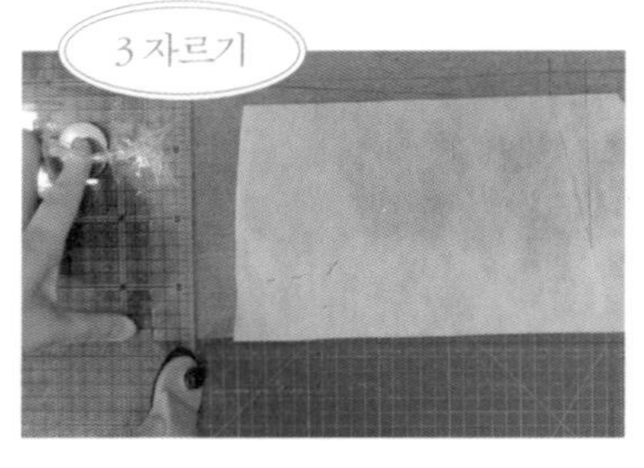

1 시접선을 따라 원단을 자른다. 직선은 시접자와 로터리칼을 이용하면 정확하고 쉽게 자를 수 있다.

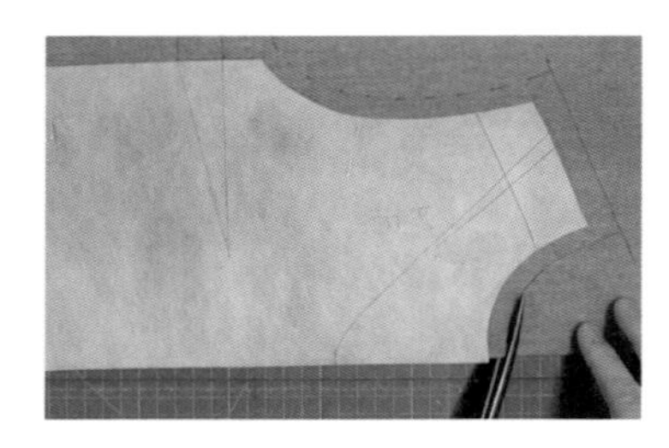

2 곡선은 가위로 자른다.

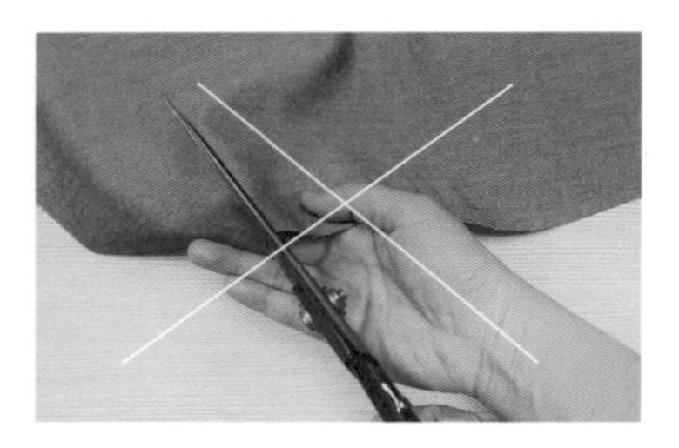

3 원단을 들지 말고 바닥에 내려놓고 잘라야 흐트러짐 없이 자를 수 있다.

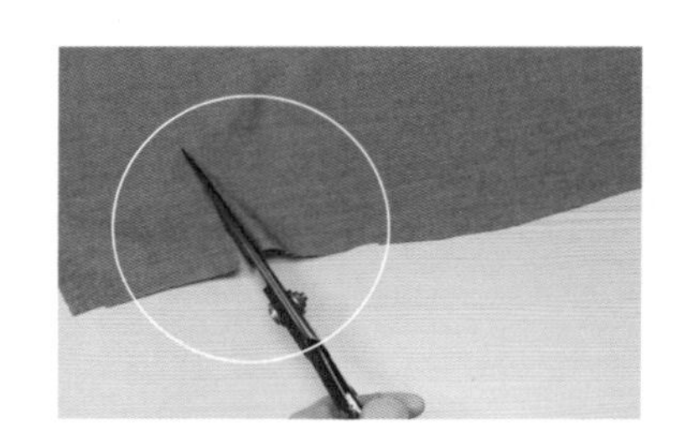

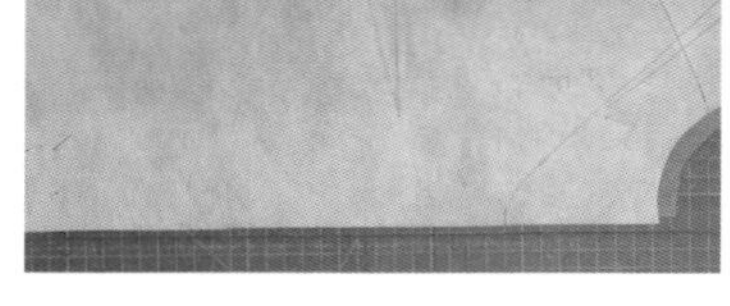

4 다트 부분은 재봉 후의 시접선을 감안해서 잘라야 한다. (38p '다트' 참고)

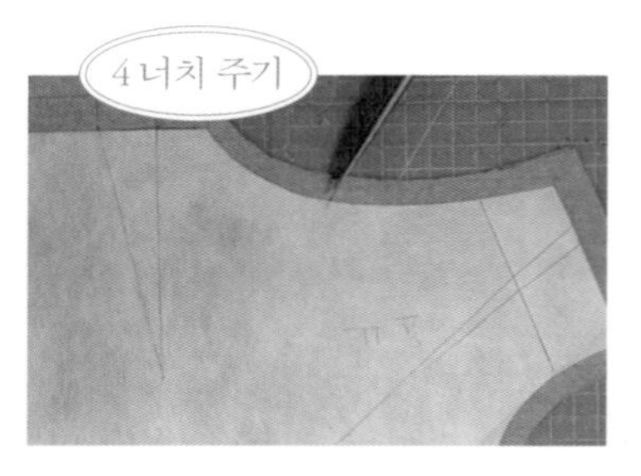

재단 후에는 중심점, 맞춤점, 주머니 위치 등 필요한 부분에 가위집을 주어 너치를 표시한다.

시접은 보통 부위에 따라 다른 크기로 그린다.

부위	시접
곡선(목둘레, 진동둘레)	1cm
직선(어깨선, 옆선)	1.5cm
밑단(소매 끝, 치마 끝)	3~4cm
절개선(요크, 프릴)	1cm

실표뜨기

원단의 여러 부분에 같은 모양으로 바느질 선을 표시할 때 사용하는 방법이다. 큰 땀으로 시침질한 후 바늘땀을 잘라 원단에 짧은 실밥을 남겨 바느질할 곳을 표시한다.

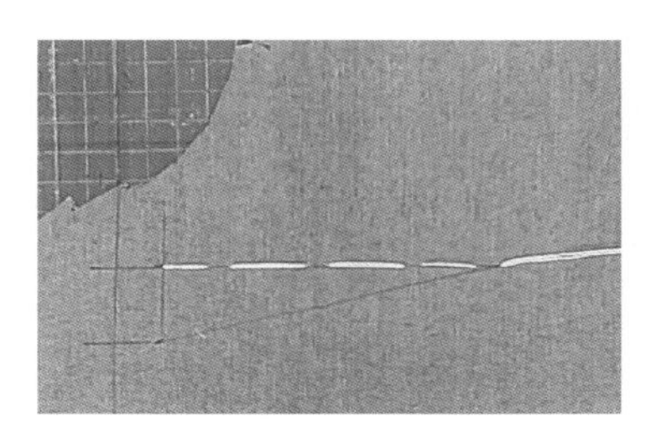

1 시침실 2겹을 사용해 큰 땀으로 시침질한다.

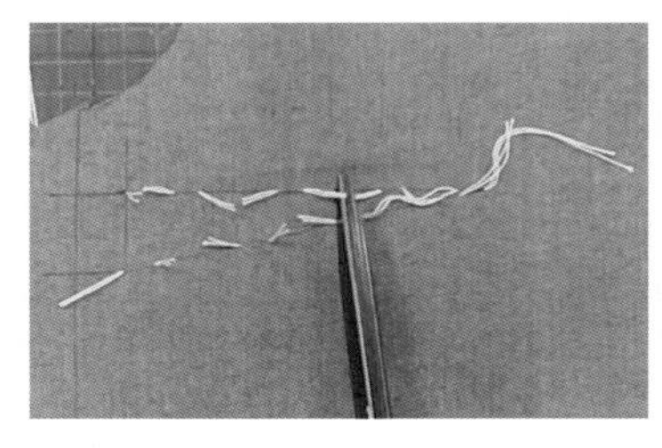

2 바늘땀 중앙을 가위로 자른다.

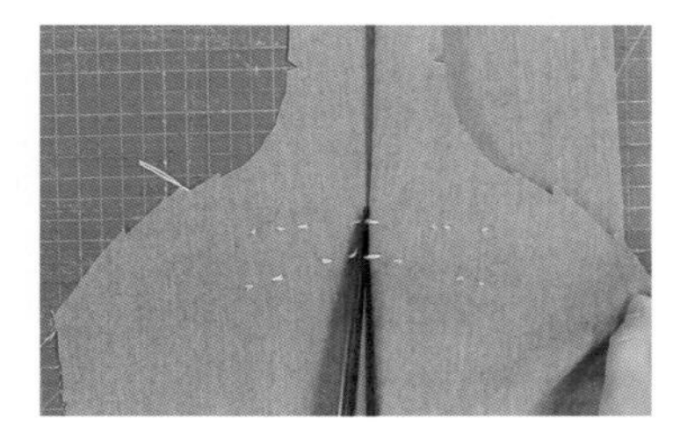

3 윗 장을 살짝 들어 올려 가면서 원단 사이의 실을 자른다.

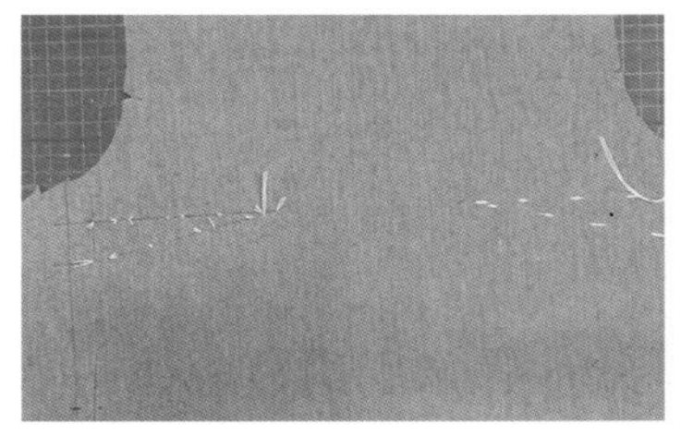

4 짧은 실밥이 반대편에 남게 된다. 다리미로 다려 주면 실이 쉽게 빠지지 않는다.

5 실표를 따라 재봉한 후 핀셋으로 시침실을 제거한다.

너치와 실표뜨기

원단의 가장자리에 표시된 맞춤점은 가위집을 내어 너치를 주면 되지만, 원단의 안쪽에는 가위집을 줄 수 없으니 실표뜨기를 해야 한다. 주로 다트, 주머니, 시접이 큰 밑단 시접선 등에 실표뜨기를 사용한다.

심지 붙이기

원단에 힘을 줄 필요가 있거나 가위집 등으로 뜯어질 위험이 있는 부분에는 원단 안쪽에 심지를 붙여서 보강하는 것이 좋다. 옷을 만들 때는 주로 실크 심지를 사용한다.

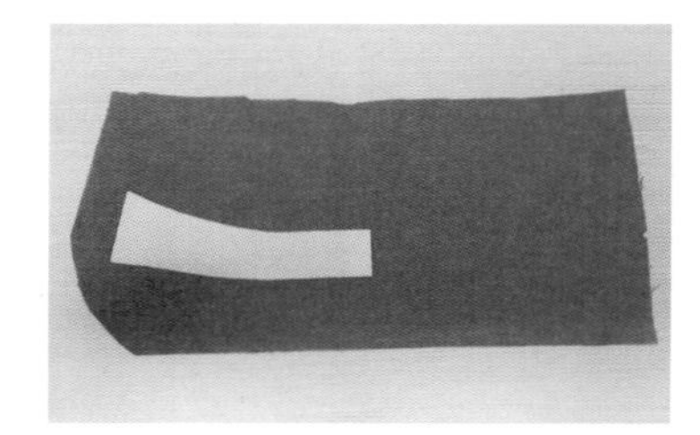

1 심지를 붙여야 하는 조각은 처음부터 정사이즈로 재단하지 않고, 넉넉하게 대강 잘라 둔다(가재단).

2 심지도 약간 크게 자른다. 원단의 안쪽 면에 심지의 풀 묻은 면을 대고 다리미로 붙인다. 열이 너무 세면 심지가 녹으니 주의한다. 다리미를 밀지 않고 꾹꾹 눌러 가면서 빈 곳이 없이 꼼꼼하게 붙인다.

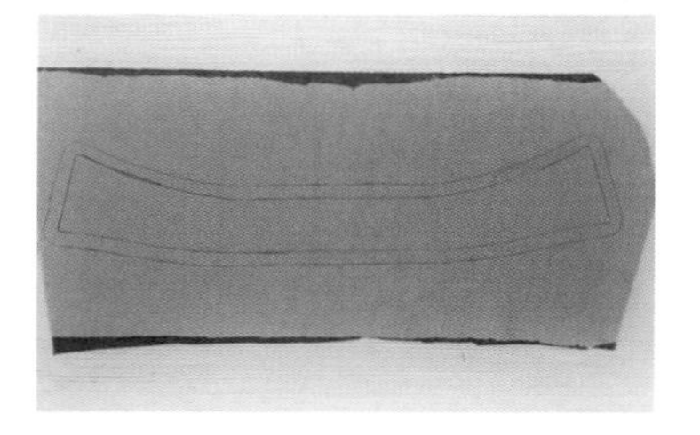

3 심지가 잘 붙었으면 그 위에 패턴을 놓고 완성선과 시접선을 그린다.

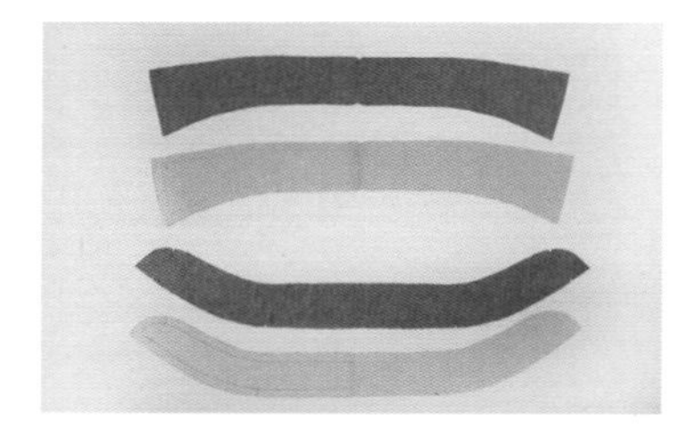

4 시접선을 따라 자른다(정재단).

정재단 & 가재단

심지를 붙이는 과정에서 모양이나 크기에 변형이 올 수 있으므로 처음 재단할 때는 실제 패턴보다 넉넉하게 자르고(가재단), 심지를 붙인 후에 패턴대로 자르는 것이 좋다(정재단).

Lesson 2. 부분 봉제법(몸판)

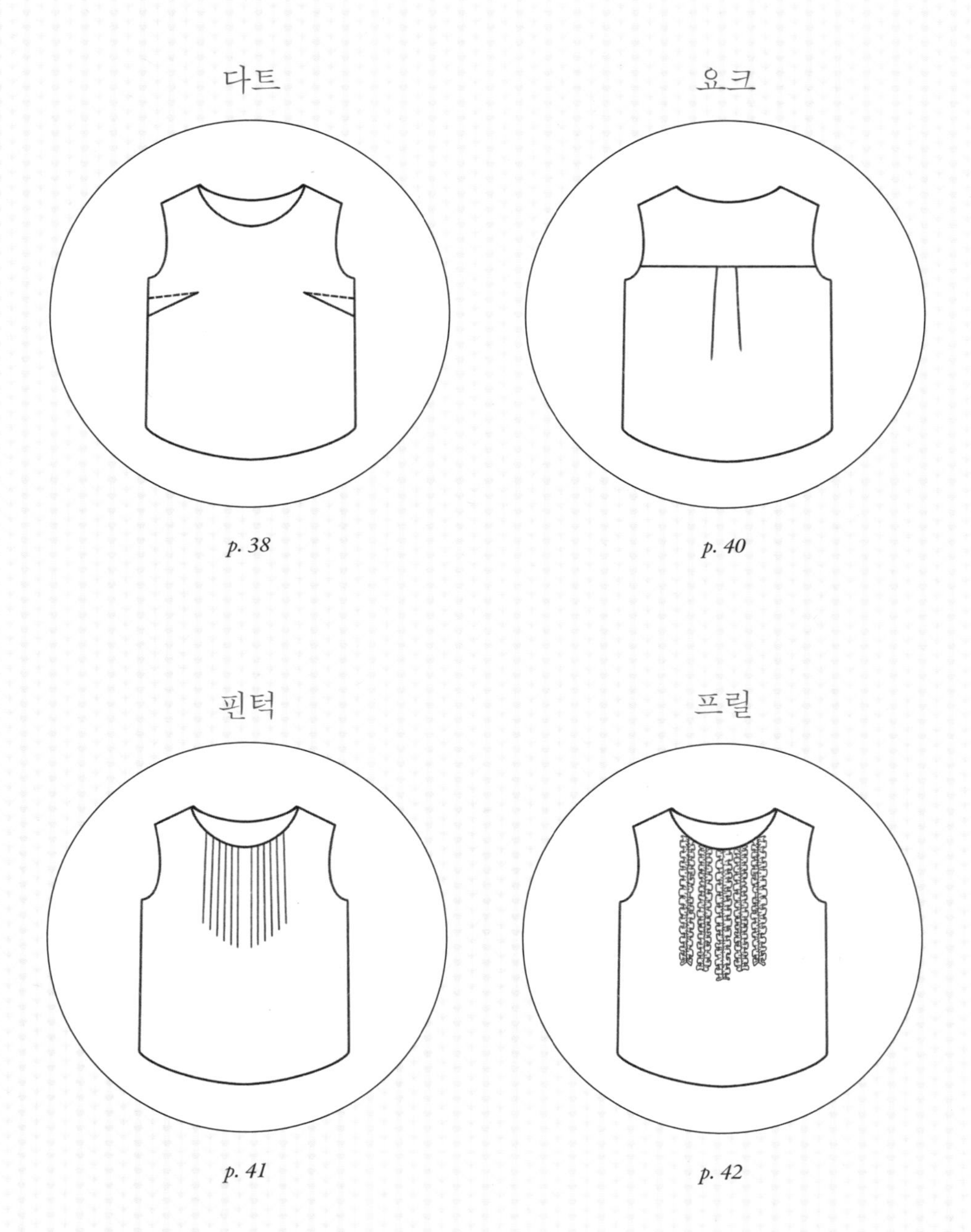

주름
(스커트 개더링)

p. 43

숨은 주머니
(인심 포켓 inseam pocket)

p. 44

아웃 포켓
(패치 포켓 patch pocket)

p. 45

사선 주머니
(프론트 힙 포켓 front hip pocket)

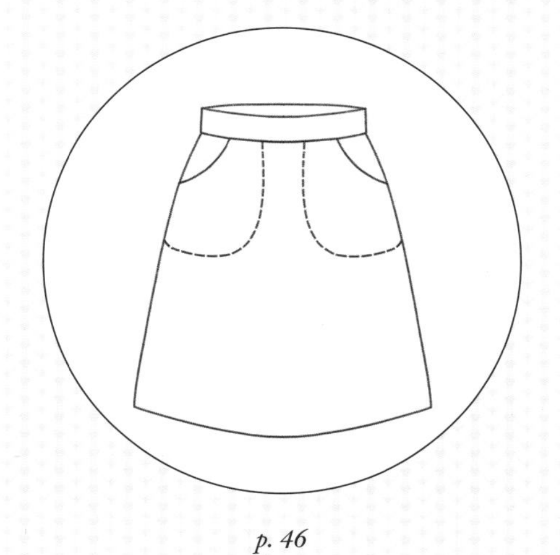

p. 46

Lesson 2

부분 봉제법(몸판)

다트

입체적인 체형에 맞추기 위해 평면적인 옷감의 일정 부분을 긴 삼각형으로 주름 잡아 줄인 것을 의미한다. 다트를 재봉하면 시접선에 단 차이가 생기기 때문에 재봉 전 시접선을 미리 변형하는 것이 중요하다.

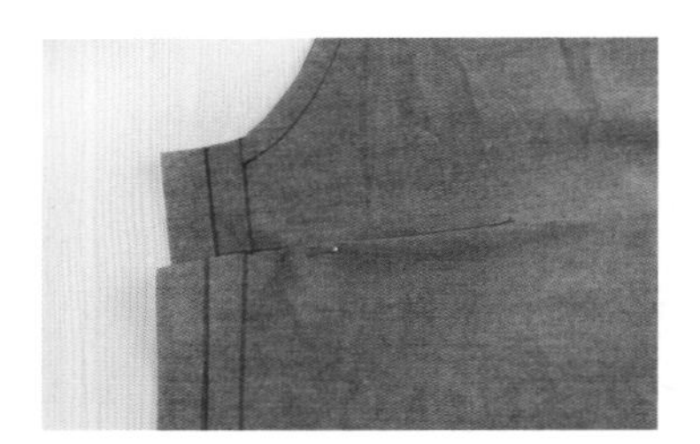

1 다트를 재봉했다 가정하고 원단을 접어 고정한다. 다트를 접는 방향에 따라 시접선이 달라지므로 완성될 옷 모양을 생각하며 접는다.

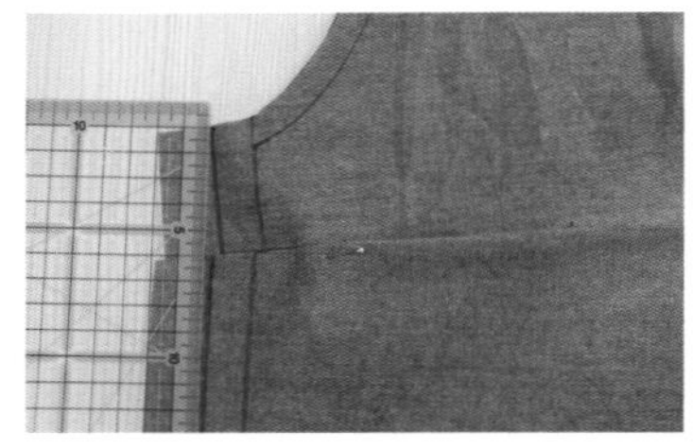

2 접은 상태에서 시접선이 일직선이 되도록 선을 긋는다.

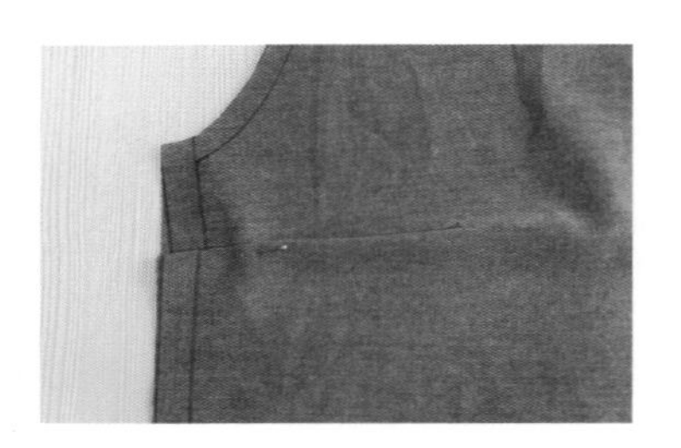

3 2에서 그린 선을 따라 자른다.

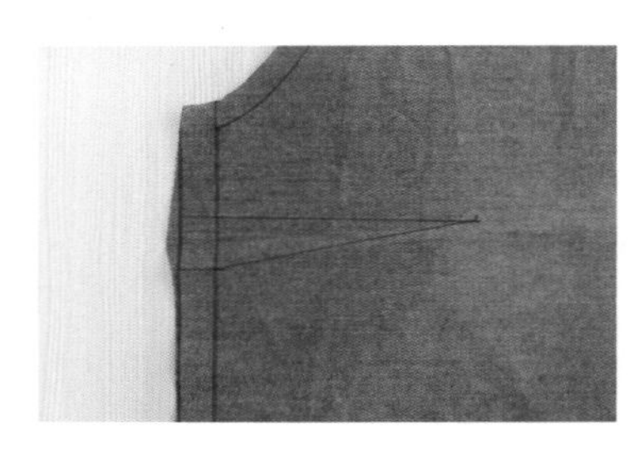

4 다트를 펼치면 시접선이 이런 모양이 된다.

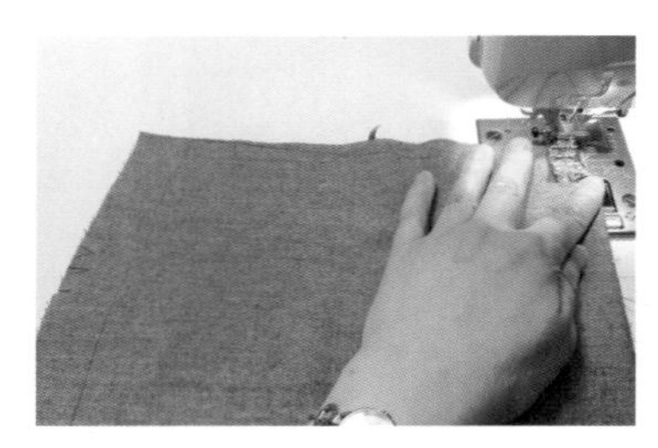

5 다트는 넓은 곳에서 시작하여 뾰족한 곳을 향해 재봉한다. 시작 지점에서 되돌아 박기를 한다.

6 끝날 때는 되돌아 박기 하지 않으며 원단 끝까지 박은 후에도 조금 더 재봉한다.

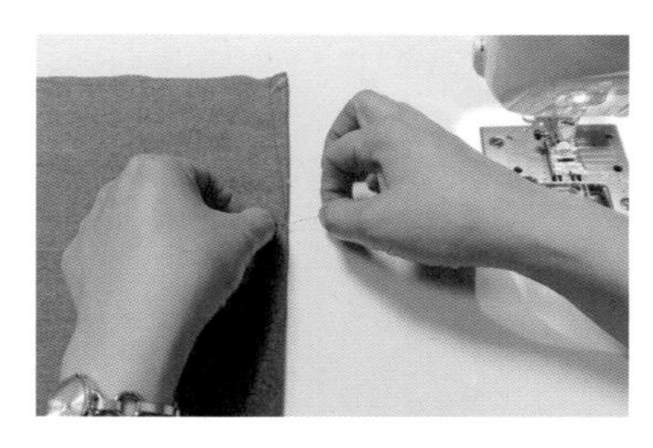

7 실이 풀리지 않도록 남은 실을 묶는다.

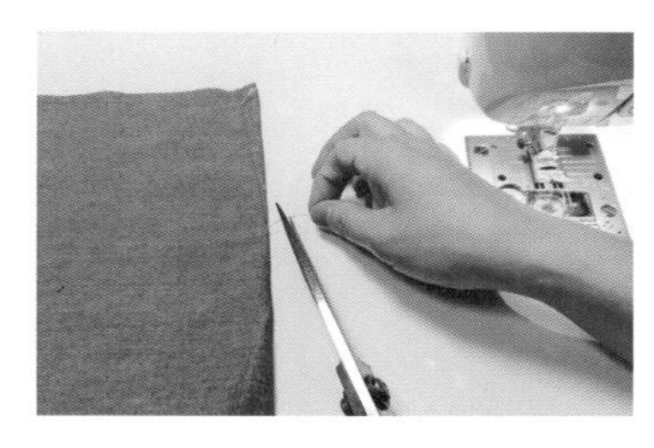

8 실을 1~2cm 남기고 자른다.

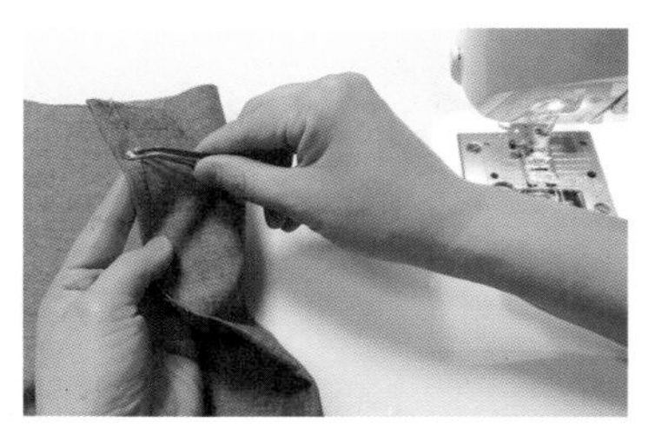

9 실표뜨기를 했다면 핀셋으로 시침실을 제거한다.

몸판 다트를 사용한 슬림핏 플레어 원피스

요크

장식을 목적으로 어깨나 스커트의 윗부분을 다른 감으로 바꿔 대는 것을 의미한다. 한 장으로 봉제할 수도 있고 두 장으로 봉제할 수도 있으며, 이 책에서는 한 장 요크만 다룬다.

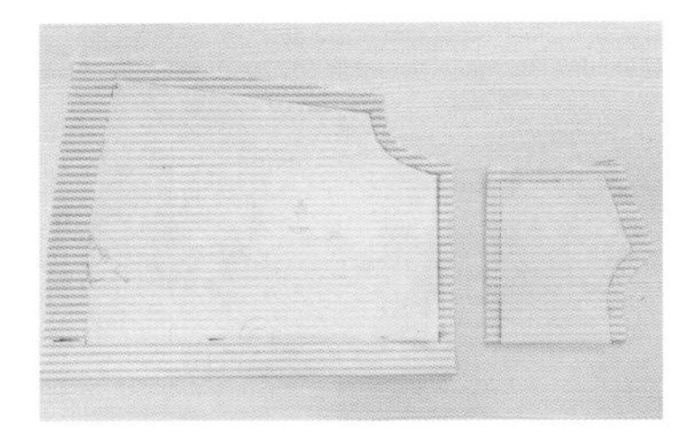

1 요크를 별도의 조각으로 패턴을 뜬다.

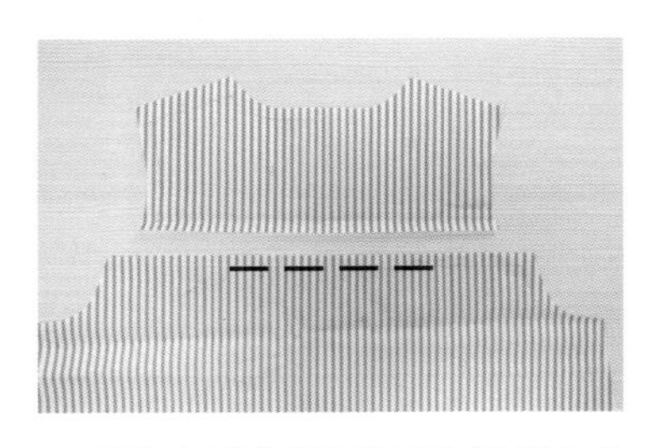

2 몸판의 가장자리 일부를 큰 땀으로 재봉한다.

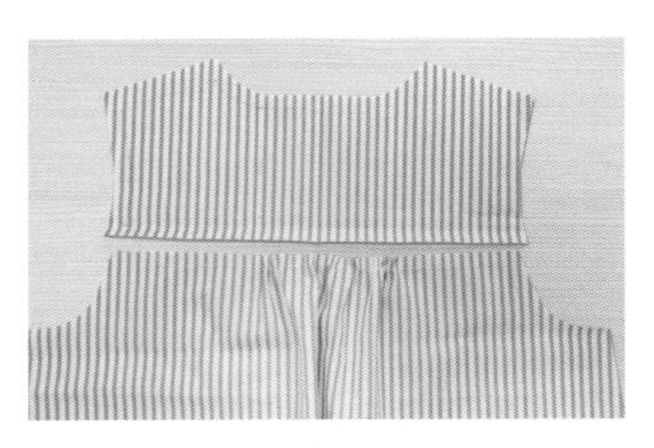

3 재봉한 실을 잡아당겨서 주름을 잡아 여유분을 만든다.

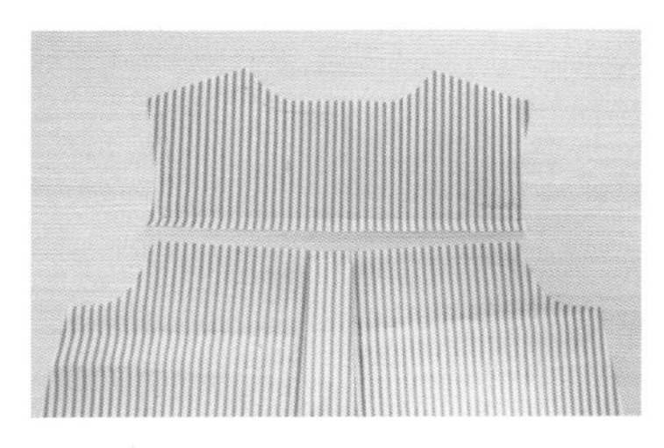

4 또는 몸판에 맞주름을 잡아 여유분을 줄 수도 있다.

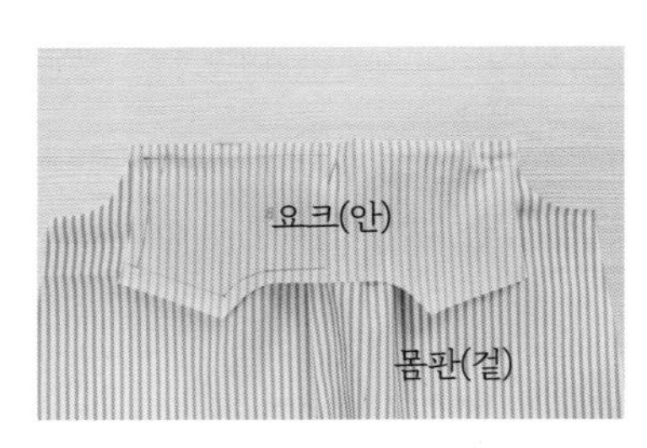

5 요크와 몸판을 겉끼리 맞대고 중심점 등을 맞춰 핀으로 고정한다.

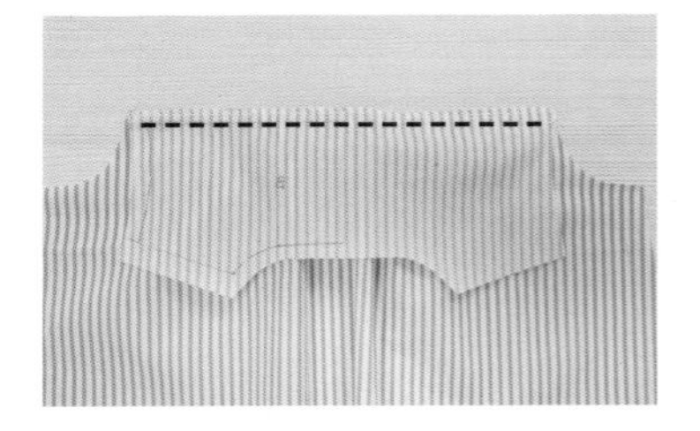

6 재봉하고 오버로크한다.

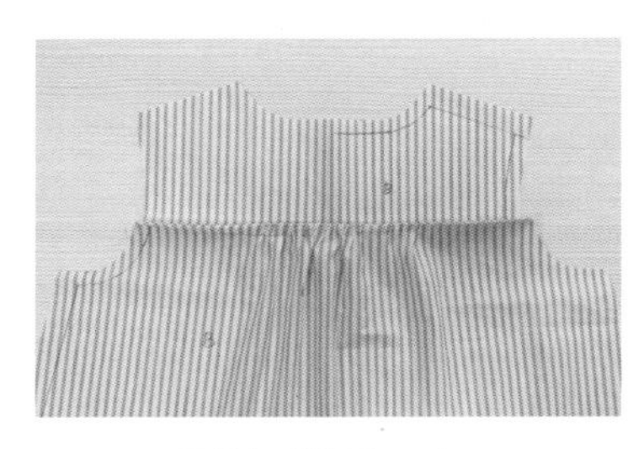

7 요크 연결한 안쪽 면 모습

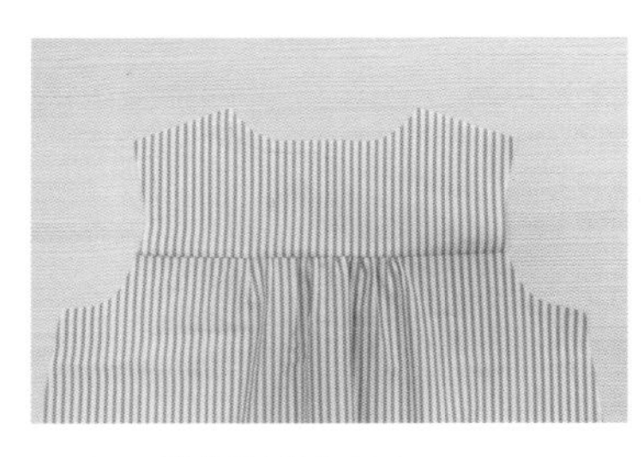

8 요크 연결한 겉면 모습

핀턱

핀처럼 좁게 잡아 만든 가늘고 긴 주름을 뜻하며, 블라우스나 드레스의 장식 기법으로 많이 쓰인다.

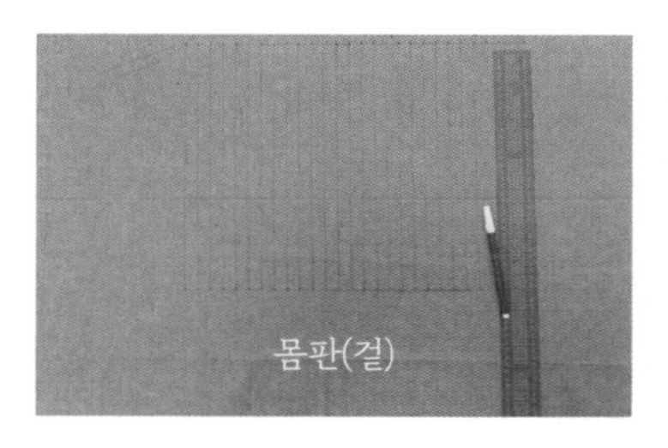

1 패턴 너비보다 20cm 이상 넓게 가재단하고 몸판 겉면 상단에 일정한 간격으로 직선을 그린다. (여기서는 35cm의 선을 1.75cm 간격으로 22개 그려서 작업했다.)

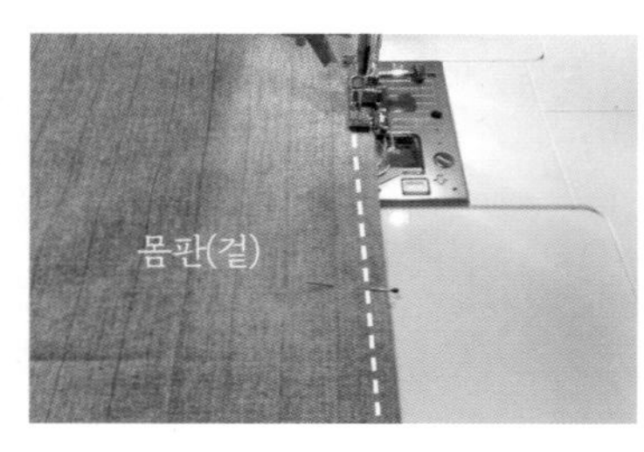

2 선을 따라 접어 다리고 일정한 간격으로 상침한다. (여기에서는 시접 0.4cm를 주었다.)

3 다림질하여 핀턱을 한쪽 방향으로 누인다. (앞트임을 하려면 중심 기준으로 바깥쪽으로 누인다.)

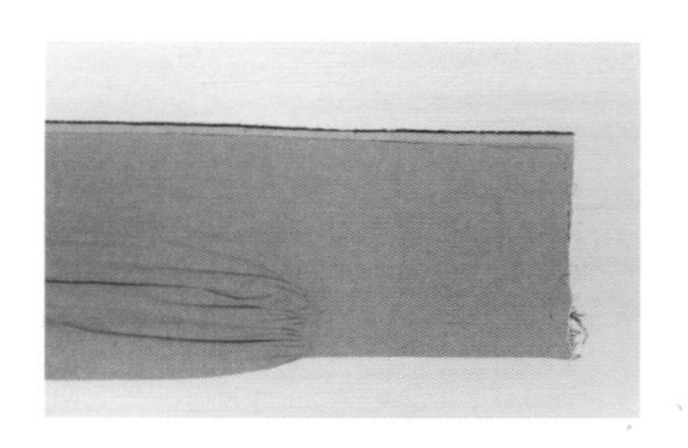

4 핀턱이 중심에 오도록 원단을 반으로 접는다.

5 패턴을 올려놓고 고정한다.

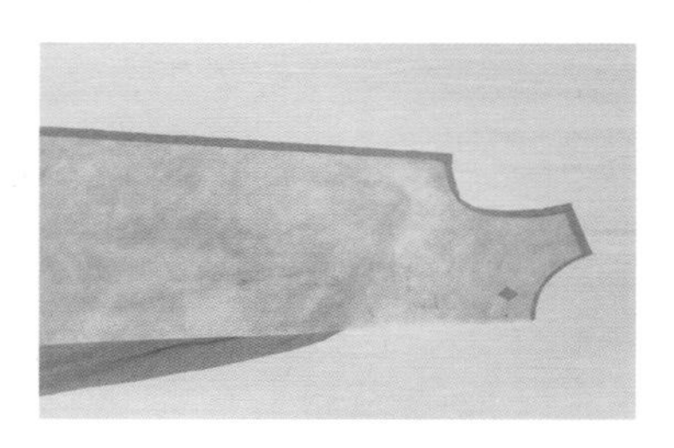

6 시접선을 그리고 재단한다.

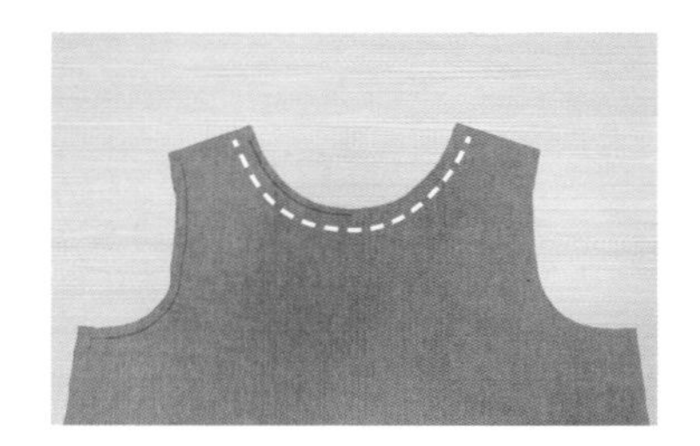

7 목둘레 올이 풀리지 않도록 완성선 가까이에서 상침한다.

8 완성선을 따라 자른다(시접 0cm인 바이어스 마감에 해당).

- 과정 1에서 핀턱의 개수와 간격은 취향대로 자유롭게 정한다.
- 과정 2에서 미리 다림질을 해 두면 좋다. 재봉 시 원단이 밀릴 수 있으니 재봉선과 수직 방향으로 핀을 꽂아 고정한다. 단뜨기 노루발, 가이드 노루발, 자석조기 등은 일정하게 상침하는 데 도움이 된다.
- 과정 6에서 목둘레는 핀턱 때문에 두꺼워져서 바이어스로 마감하는 것이 좋다. 하지만 시접 없이 바짝 자르면 핀턱이 풀릴 수 있으므로 약간 여유를 두고 자른다.

프릴

프릴은 잔주름을 잡은 가늘고 긴 장식 천을 말한다. 앞가슴이나 목둘레, 소맷부리, 치맛단 등에 덧대면 여성스럽고 화려한 느낌이 난다.

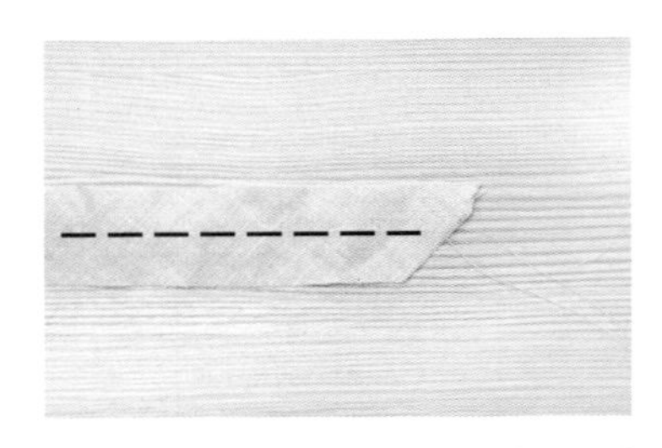

1 원단을 바이어스 방향으로 길고 좁게 자른다. 바이어스의 가운데를 큰 땀으로 재봉한다.

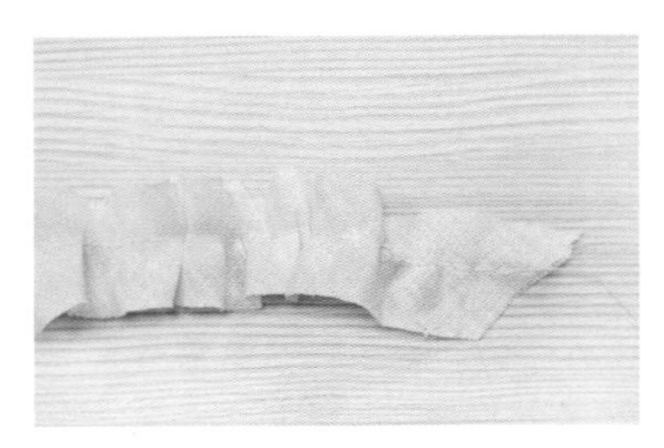

2 재봉한 실을 잡아당겨 잔주름을 잡는다. (주름 노루발을 이용하여 주름을 잡아도 된다.)

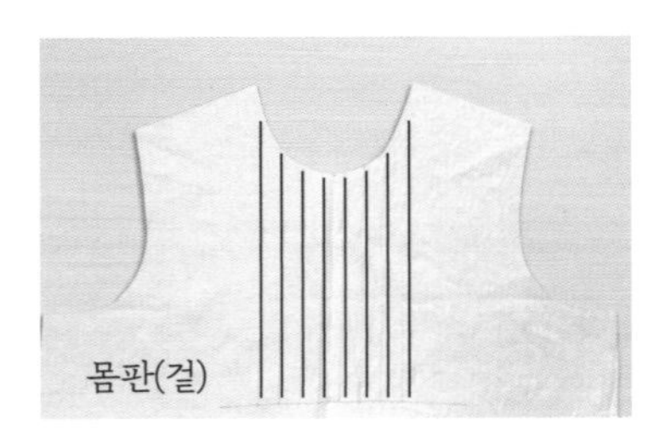

3 프릴 장식할 곳에 바이어스의 폭과 같은 간격으로 선을 여러 개 그린다.

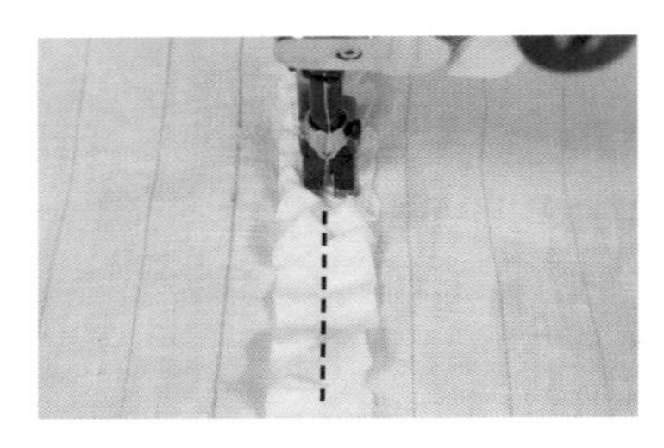

4 주름을 예쁘게 잡아 가면서 상침한다.

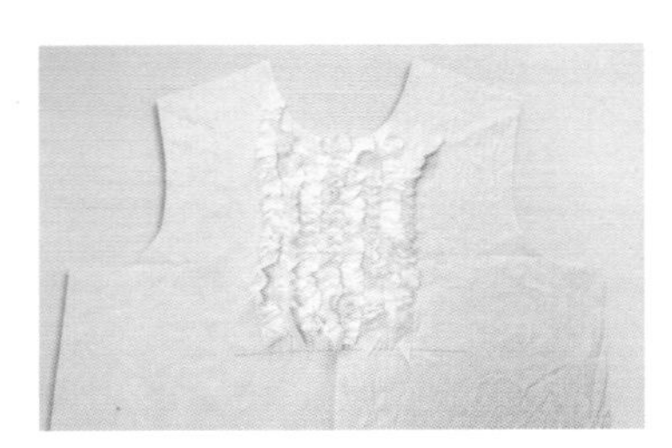

5 일정한 간격으로 반복하여 프릴을 달아 준다.

6 블라우스 장식으로 완성한 모습

- 과정 1에서 원단을 재단할 때, 앞가슴 장식용 프릴은 폭 2.5~3cm, 소맷부리 장식은 시접 포함 폭 2~2.5cm가 좋다.
- 과정 4에서 주름을 일정하고 고르게 잡으면 프릴의 옆선이 반듯해져서 밋밋하고 재미가 없다. 주름을 살짝 불규칙하게 찌그러뜨리는 느낌으로 재봉하면 옆선이 좌우로 왔다갔다 하면서 더 자연스럽고 화려한 장식이 된다.

주름

스커트에 주름을 잡아 몸판에 붙일 때 자주 사용하며, 개더링이라고도 한다.

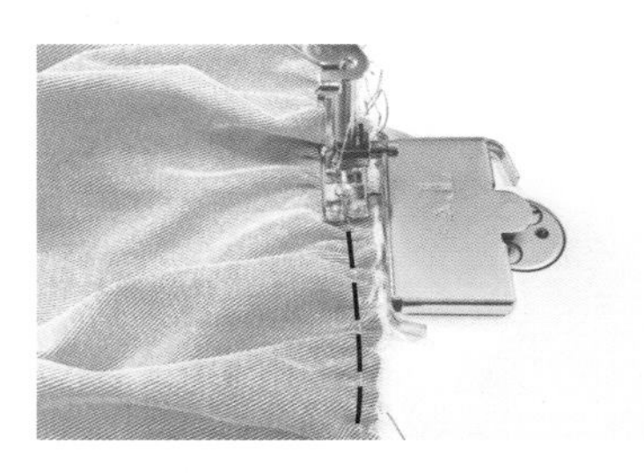

1 주름 잡을 원단을 큰 땀으로 재봉한다. (두 줄 재봉할 수도 있다.)

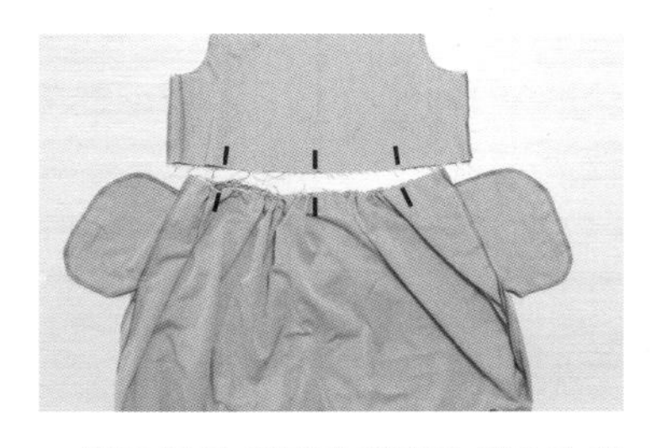

2 주름 잡을 원단과 연결할 원단의 각 맞춤점을 확인하고, 실을 잡아당겨 길이를 맞춘다.

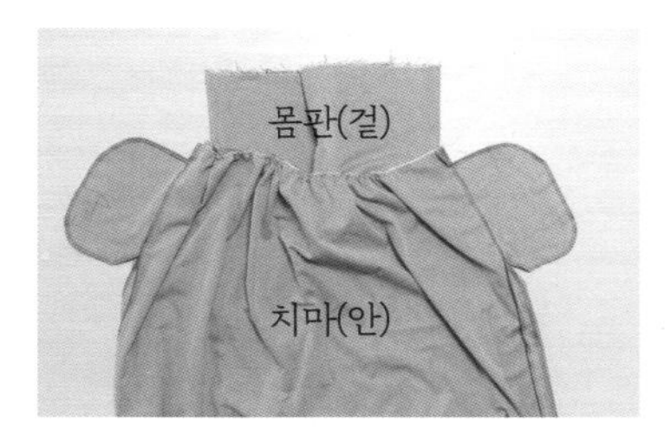

3 몸판을 치마 안으로 끼워 넣어 겉끼리 맞대고, 맞춤점에 시침핀을 꽂아 고정한다.

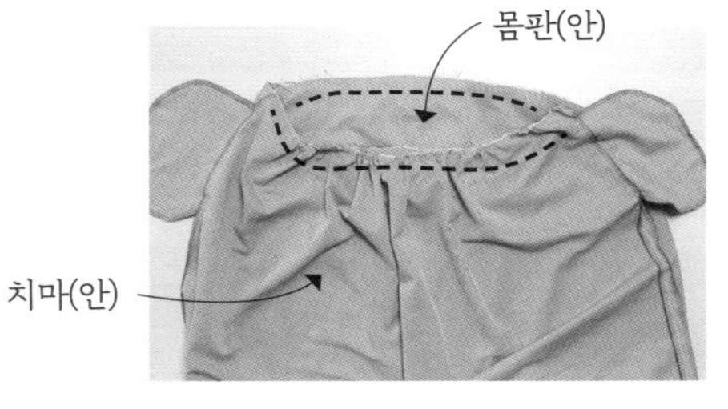

4 주름을 균일하게 배분하며 재봉한다.

5 완성된 모습

TIP

과정 1~2에서 주름 노루발을 이용하면 주름 잡기에 편리하나, 다른 원단과 합봉할 때 주름의 양을 조절할 수 없으므로 실 당기기 방법을 사용한다.

주머니

옷에 주머니를 달면 간단한 소지품을 넣을 수 있어 편리할 뿐 아니라 주머니 중에서도 숨은 주머니는 이 책에 소개한 대부분의 옷에 어울리므로 취향에 따라 달아 준다. 옷 겉면에 덧붙이는 아웃포켓은 장식 효과도 기대할 수 있다.

1 숨은 주머니(인심포켓 inseam pocket)

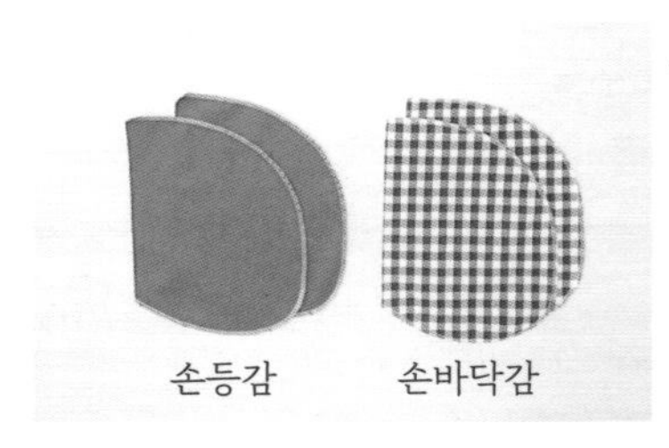

1 패턴대로 4장을 재단하고 곡선 부분에만 오버로크한다. (제공된 실물 패턴은 시접 포함 사이즈임)

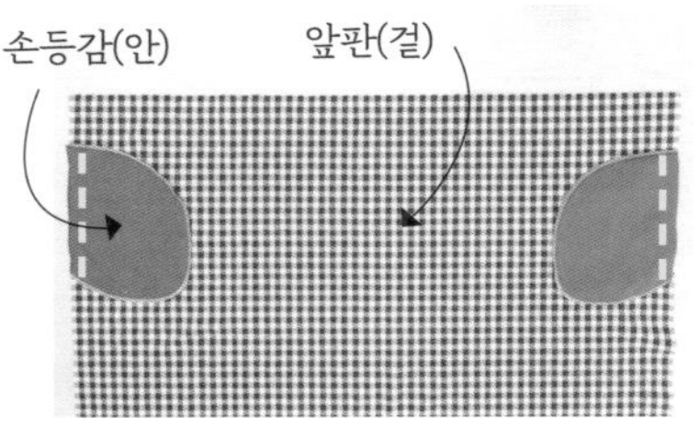

2 앞판과 손등감을 겉끼리 맞대고 점선을 따라 시접 1.3cm로 재봉한다.

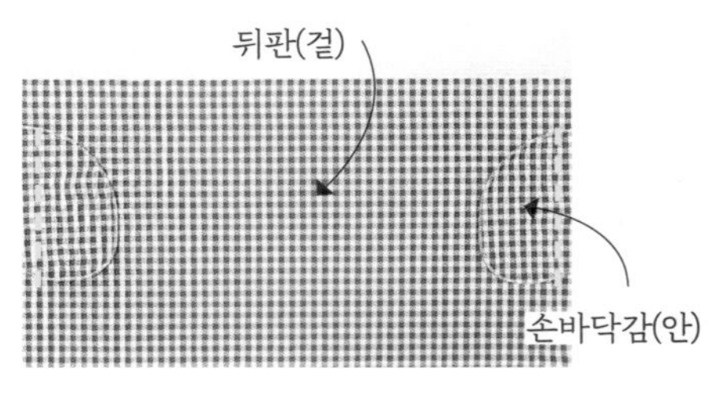

3 뒤판과 손바닥감을 겉끼리 맞대고 점선을 따라 시접 1.3cm로 재봉한다.

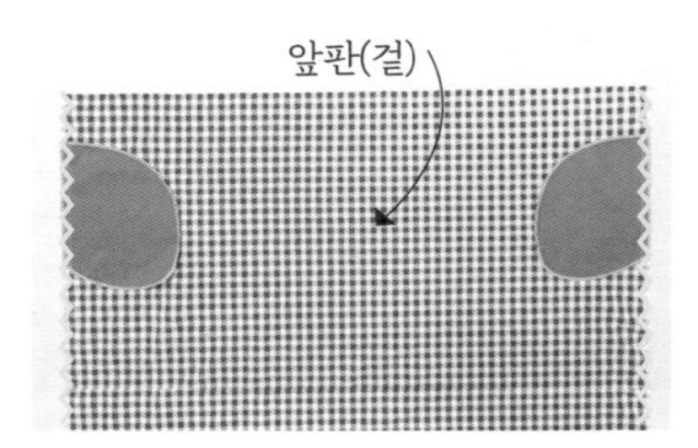

4 옆선을 주머니감 직선 부분과 함께 오버로크한다. 뒤판에도 반복한다.

5 주머니감을 바깥쪽으로 펼쳐서 다린다. 뒤판에도 반복한다.

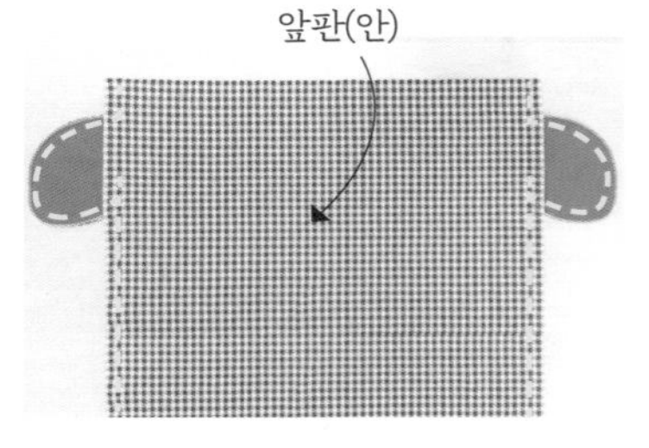

6 앞판과 뒤판을 겉끼리 맞대고 시접 1.5cm로 점선대로 재봉한다.

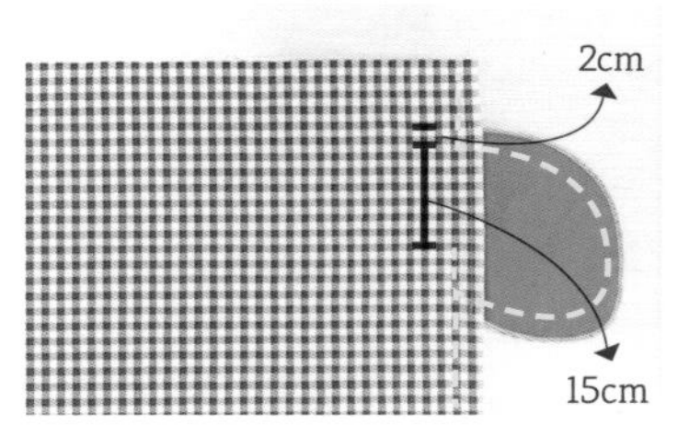

7 이때 손이 들어가는 부분만 남기고 재봉해야 물건이 빠지지 않는다.

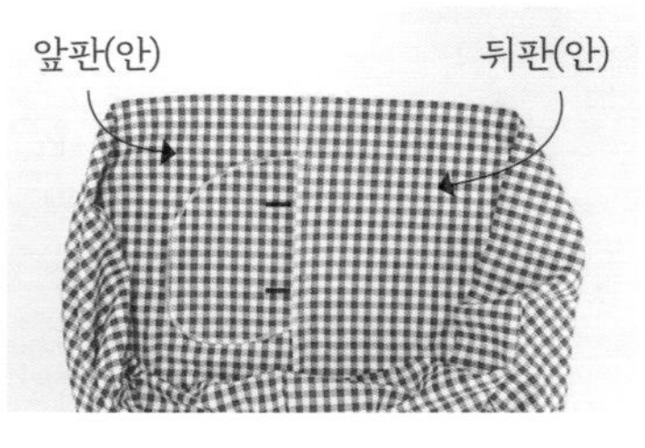

8 주머니를 앞판 쪽으로 보내고 주머니 입구의 양쪽 끝에 상침한다.

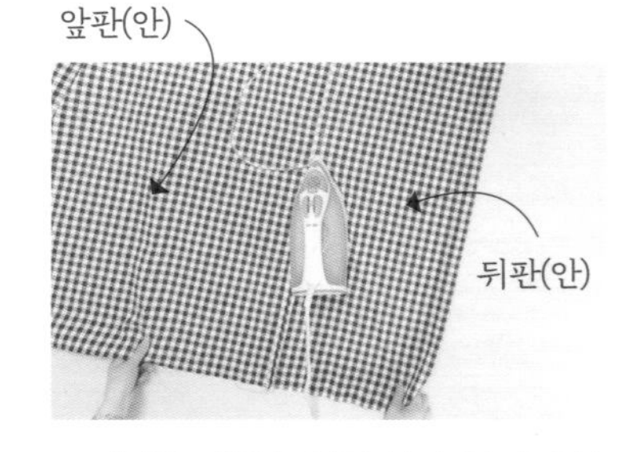

9 시접은 가름솔 처리 한다. 주머니 부근에선 갈라지지 않으므로 두 시접 모두 앞쪽으로 향하게 다린다.

얇은 옷감을 사용할 때는 주머니도 본판과 같은 원단으로 만들고, 두꺼운 옷감일 경우 손등감은 다른 얇은 원단으로 만들면 좋다. 이 책에서는 알아보기 쉽도록 손등과 손바닥 원단을 달리 사용했다.

2 아웃포켓(패치포켓 patch pocket)

옷 겉면에 덧붙인 주머니로 실용성뿐 아니라 장식 효과도 기대할 수 있다.

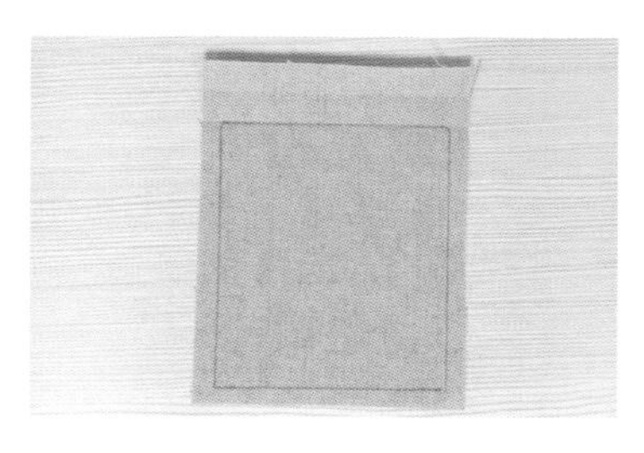

1 완성선과 시접선(윗면 3cm, 다른 부분 0.7cm)을 그리고 시접선을 따라 자른다. 윗면 시접은 1.5cm씩 안쪽으로 두 번 접어 다린다.

2 윗시접 1.5cm는 안쪽으로 접고, 나머지 1.5cm는 잠시 겉쪽으로 접어 아코디언 접기로 고정시킨다.

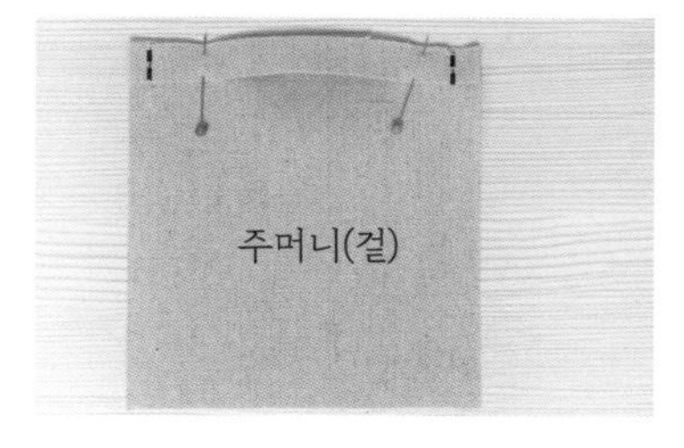

3 2의 양 옆을 시접 0.7cm로 재봉한다.

4 모서리 시접을 대각선으로 조금 자르고 뒤집어 정리한다.

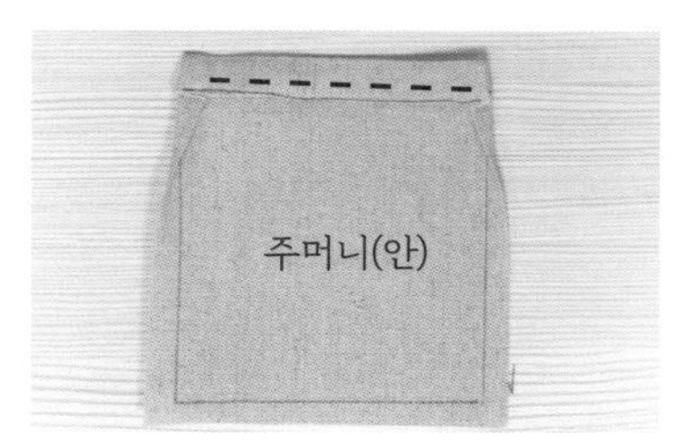

5 위쪽을 상침한다.

6 옆면과 밑면의 시접을 안쪽으로 접어 다린다.

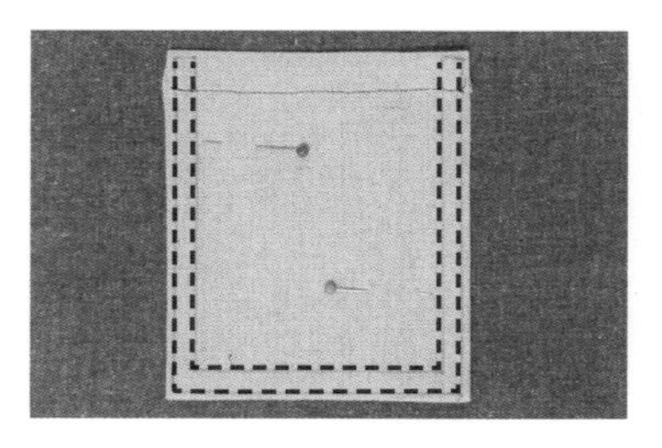

7 주머니를 원하는 위치에 고정하고 시접 0.1cm로 한 번, 시접 1cm로 또 한 번 재봉한다. (두 줄로 재봉하면 장식 효과 및 안쪽의 지저분한 시접을 가리는 효과가 있다.)

8 완성된 모습

- 과정 2~5대로 하면 주머니 안쪽으로 옆선의 시접이 보이지 않아 깔끔하다. 복잡하게 느껴지면 그냥 안쪽으로 두 번 접어 재봉해도 된다.
- 과정 6에서 두꺼운 종이에 그린 패턴을 대고 시접을 접어 다리면 편리하다.

3 사선 주머니(프론트힙 포켓 front hip pocket)

주로 바지나 스커트 등 하의 옆선에 부착하는 주머니로 입구가 사선으로 되어 있어 사용하기에 편리하다. 옷감과 같은 원단으로 만드는 것이 좋으나, 두꺼운 원단을 사용할 때는 밖에 보이는 부분만 제 원단으로 만들기도 한다. 이 책에서는 알아보기 쉽게 다른 색 원단을 사용했다.

1 사선 주머니감 원단을 2장 준비한다(제공된 실물 패턴은 시접 포함 사이즈임). 치마와 주머니감을 겉끼리 맞댄다. 치마와 주머니감에 같이 가위집을 내어 맞춤점을 표시한다.

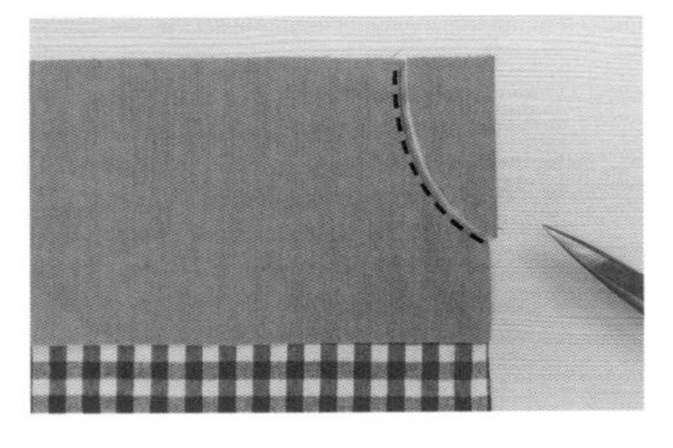

2 곡선으로 재봉하고 시접은 0.2~0.3cm만 남기고 자른다.

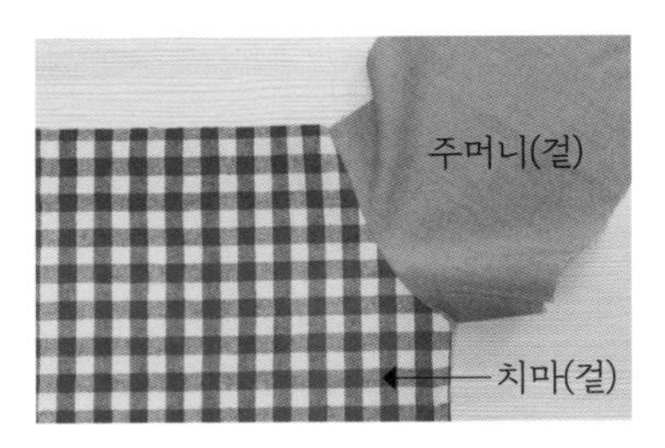

3 주머니감을 뒤로 넘겨 치마와 주머니감의 안쪽 면을 맞댄다.

4 솔기를 잘 정리하고 시접 0.8cm로 상침한다. 이 과정에서 2에서 재봉한 시접이 가려진다.

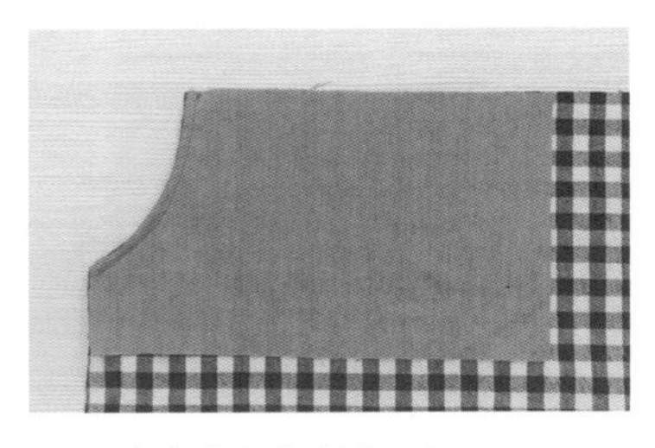

5 주머니 안쪽에서 본 모습

6 주머니감을 접어 치마와 함께 위와 옆을 재봉한다. 이때 옆선은 윗부분 일부만 재봉한다.

7 주머니의 밑선을 재봉하고 오버로크한다. 옆선 나머지 부분도 재봉한다.

8 사선 주머니 겉모습

9 반대쪽 옆선에도 같은 방법으로 주머니를 달아 준다.

과정 7에서 주머니의 모서리는 약간 굴려서 곡선으로 재봉하는 것이 좋다. 먼지나 작은 알갱이가 주머니 구석에 들어가지 않게 하기 위해서다.

Lesson 3. 부분 봉제법(소매)

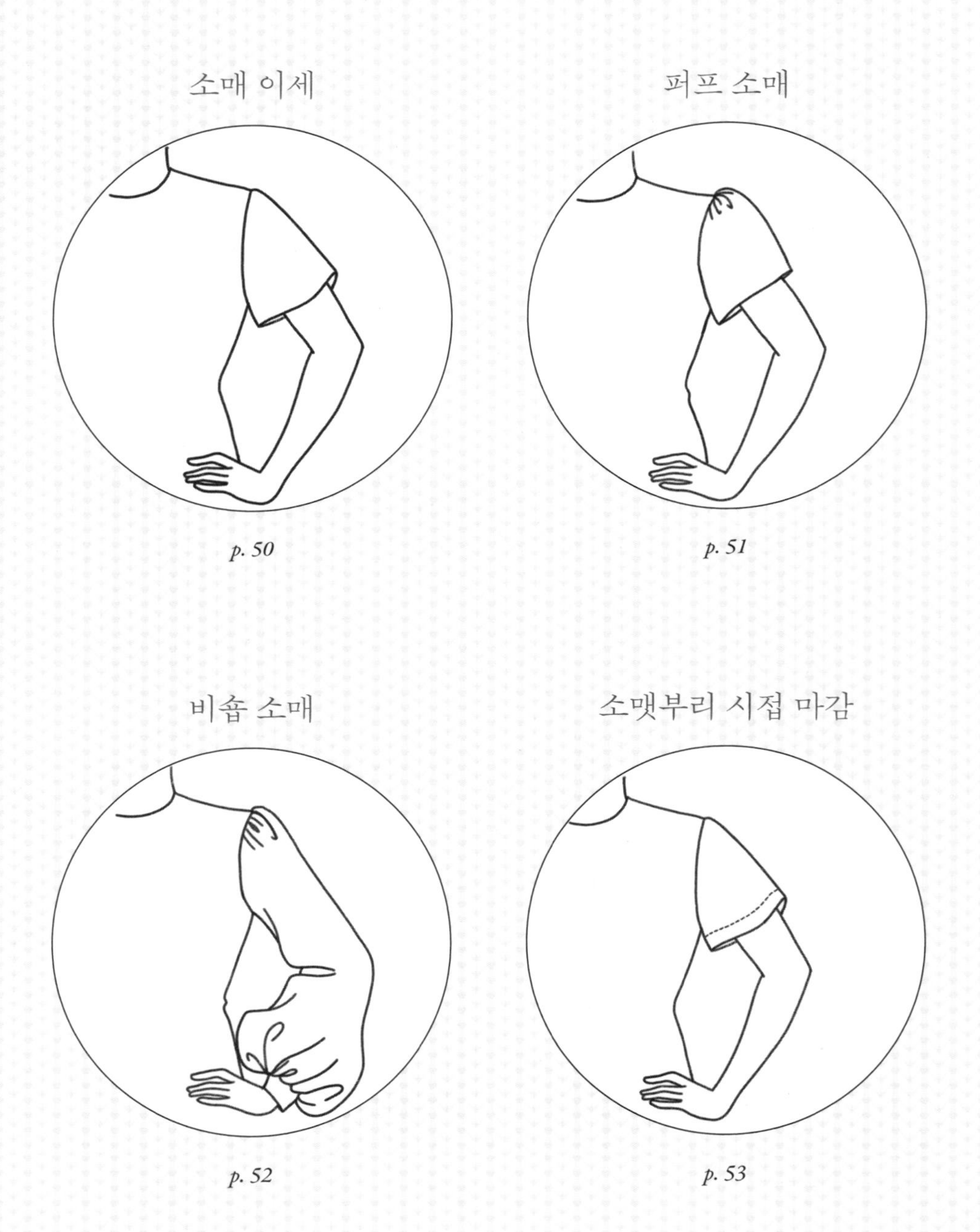

트임 없는 커프스

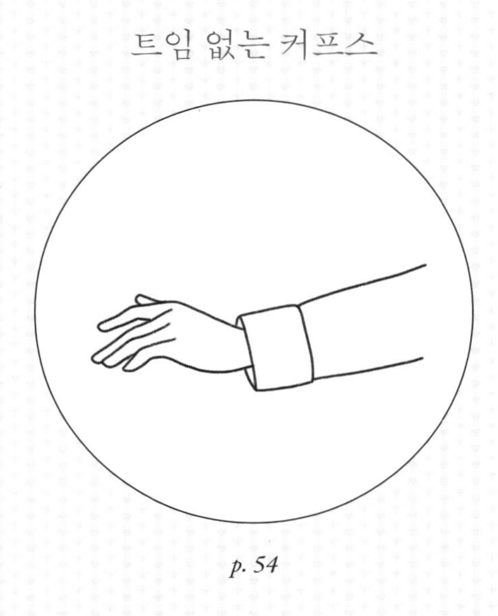

p. 54

트임 있는 커프스

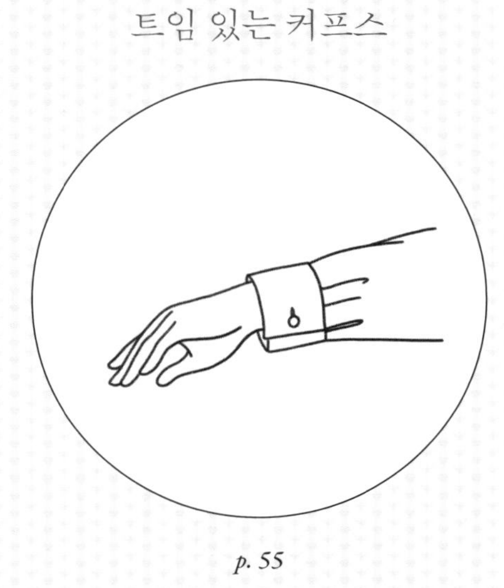

p. 55

견보루

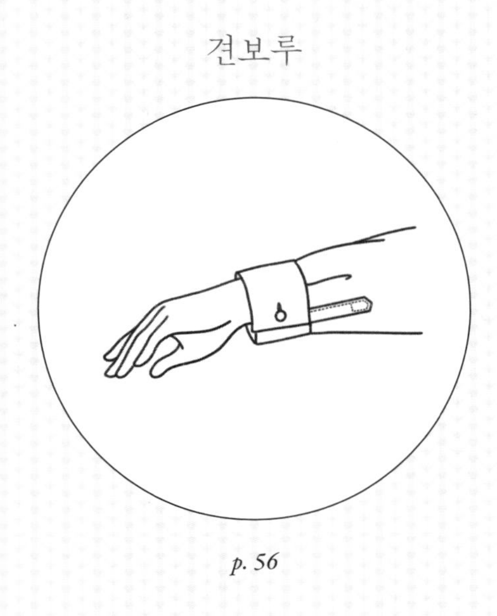

p. 56

롤업 소매

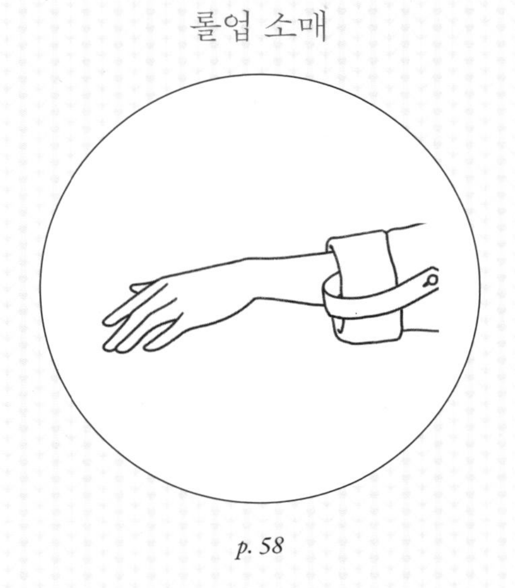

p. 58

Lesson 3

부분 봉제법(소매)

소매 이세

몸판과 소매를 연결할 때 시접선 길이와 곡선 방향이 서로 다르기 때문에 두 원단을 맞추어 재봉하기 쉽지 않다. 이때 소매의 시접분을 오그려서 입체적으로 재봉하는 방법을 '이세'*라고 한다. 티셔츠나 운동복을 제외한 거의 모든 옷에 이세를 주어야 소매가 입체적이고 예쁘게 연결되므로 블라우스, 원피스, 재킷 등을 만들 때는 이세를 주어 재봉하는 것이 좋다.

* '이세' 또는 '이즈'라고 한다. 우리말로는 '오그림분'이라고 하는데, 이세라는 단어를 주로 쓰므로 이 책에서는 '이세'로 표기한다.

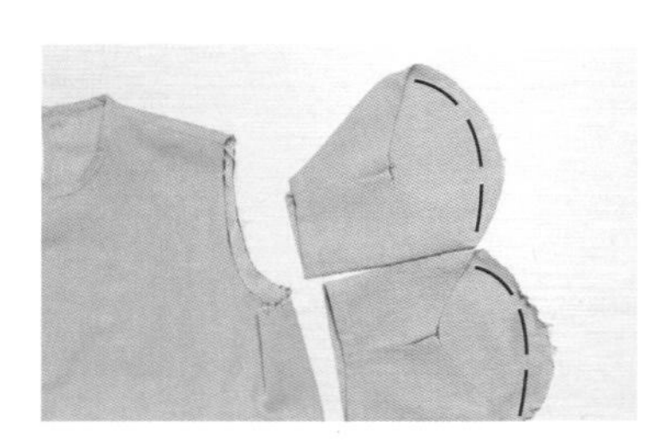

1 소매산 주변을 시접 0.8cm 주어 큰 땀으로 재봉한 뒤 실을 잡아당겨 살짝 주름을 잡는다.

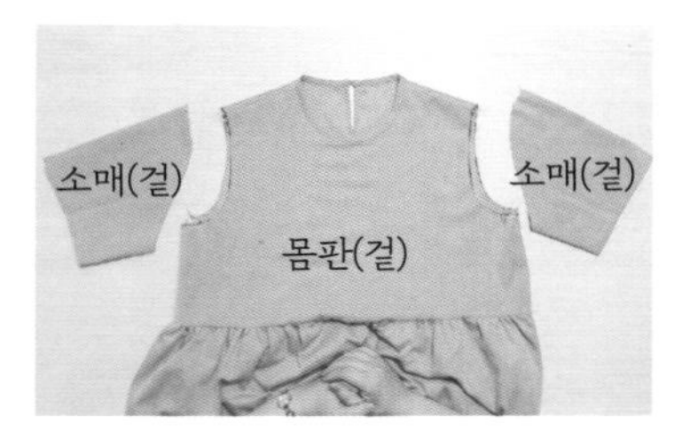

2 몸판과 소매감의 좌우 짝을 맞게 배치한다.

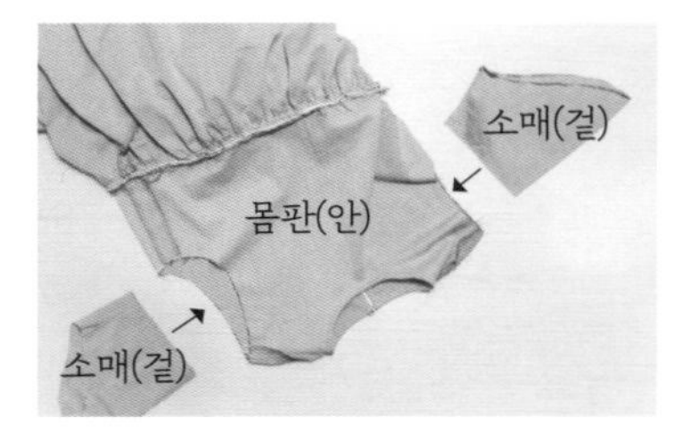

3 몸판의 안쪽 면이 바깥으로 오게 뒤집고 몸판 속에 소매감을 넣어 몸판과 소매감을 겉끼리 맞댄다.

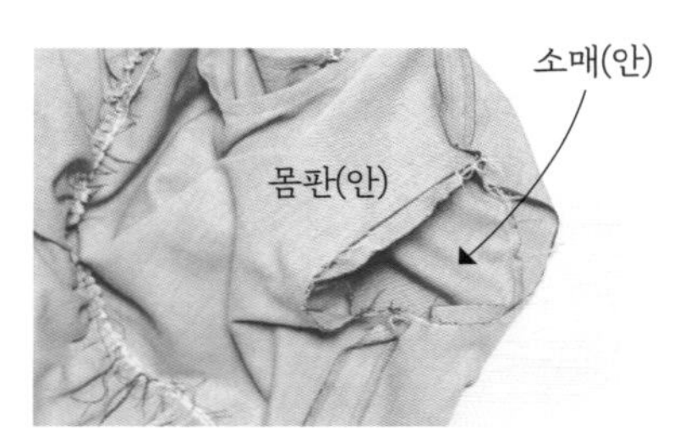

4 몸판과 소매감의 어깨점, 옆선, 너치점 등을 맞추고 시침핀을 꽂아 고정한다.

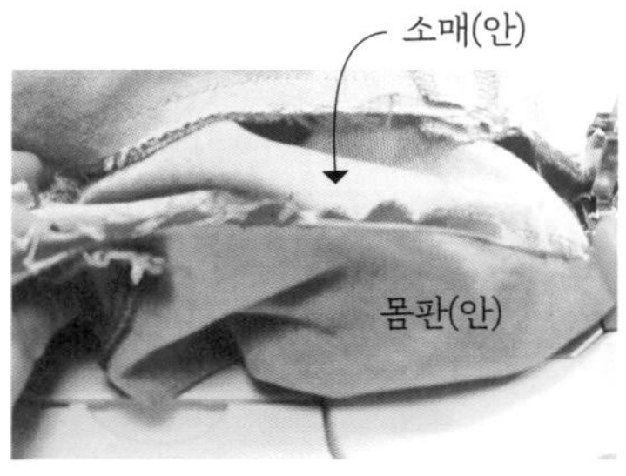

5 큰 땀으로 재봉한 실을 잡아당겨 소매감의 완성선 바깥 부분에만 살짝 주름이 생기게 한다.

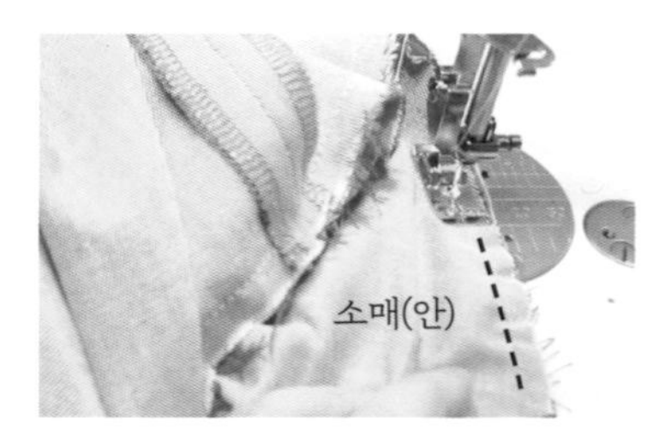

6 소매산 주변에 만든 주름이 펴지거나 접히지 않도록 유의하며 한 바퀴 재봉한다.

7 소매에 이세를 주어 입체적으로 달린 모습

퍼프 소매

소매산 부분에 주름을 주어 부풀린 것으로 여성스럽고 귀여운 느낌을 준다.

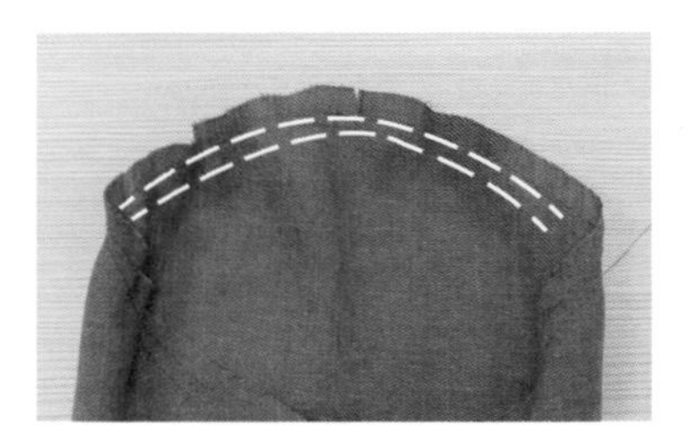

1 진동 둘레의 완성선을 기준으로 0.2cm 위아래에 큰 땀으로 두 줄 재봉한다.

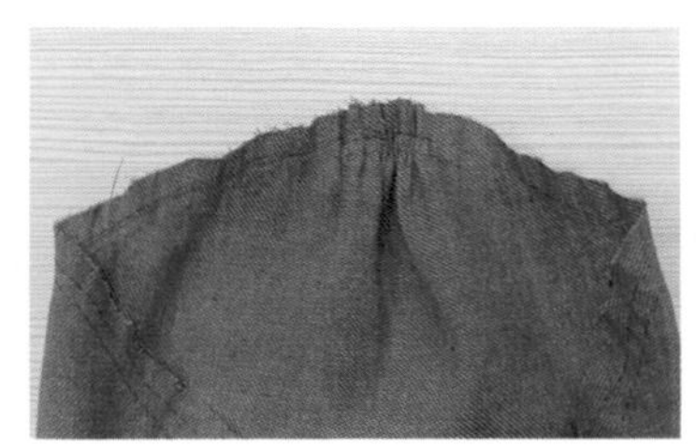

2 1에서 재봉한 실을 잡아당겨 소매산 부분에 주름을 만든다.

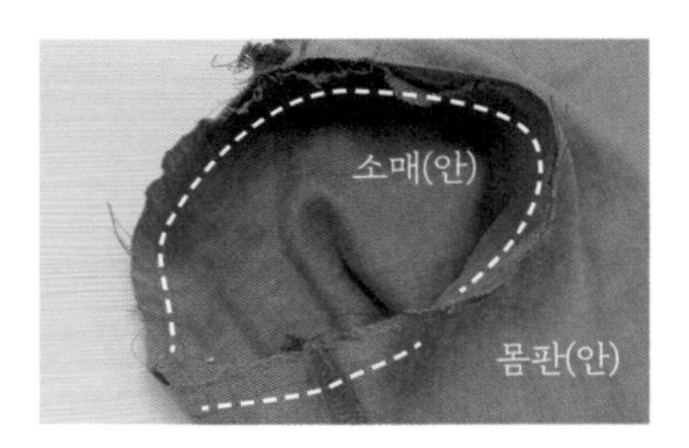

3 소매감과 몸판을 겉끼리 맞대어 재봉한다.

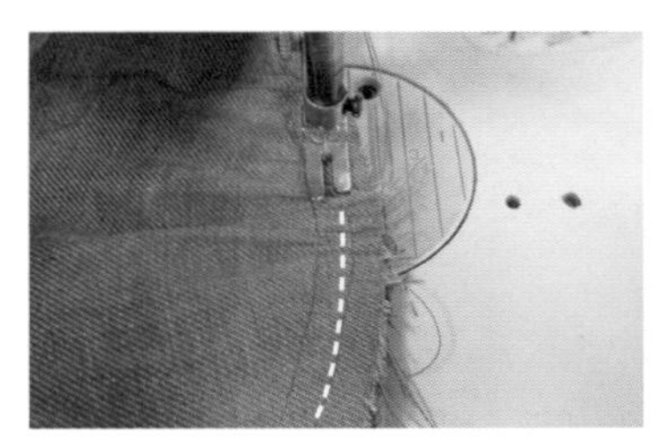

4 이때 소매산 주변으로 잔주름이 골고루 퍼지도록 주의해서 재봉한다.

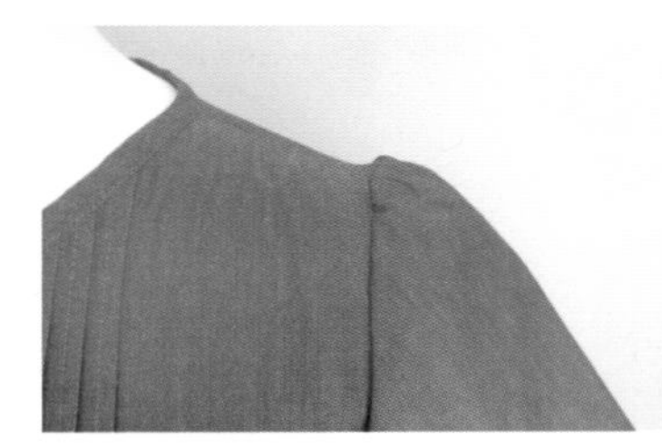

5 소매산에 주름이 잡힌 모습

소매산과 소맷부리에 모두 주름을 주어 부풀리기도 한다.

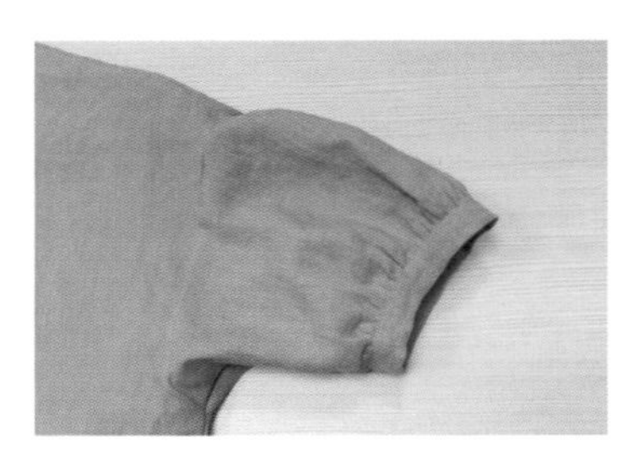

비숍 소매

소맷부리에 주름을 잡아 부풀린 것으로 '벌룬 소매'라고도 한다.

방법 1 고무줄 넣기

1 소매 시접을 두 번 접어 다린 후, 2~3cm 정도 남기고 상침한다. 남긴 구멍으로 고무줄을 넣는다.

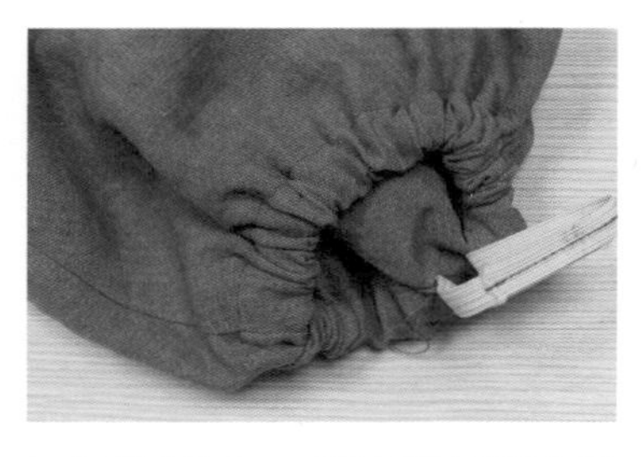

2 고무줄을 3cm 겹쳐 재봉하여 고정한다.

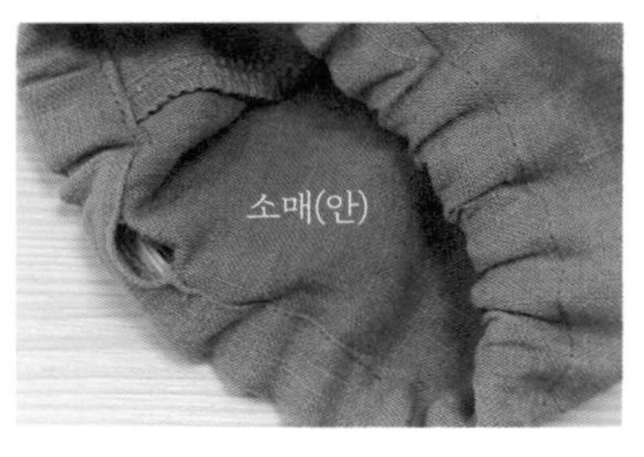

3 고무줄을 넣은 후 남긴 구멍은 상침하여 막는다. 다른 쪽 소매도 똑같이 반복한다.

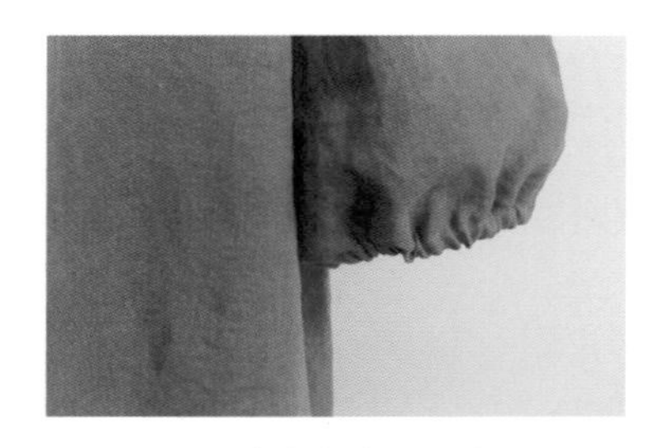

4 고무줄로 마감한 비숍 소매

과정 1에서 고무줄 길이는 보통 손목둘레보다 2~3cm 길게 하며, 한번 입어 보고 정확한 길이를 정하는 것이 좋다.

방법 2 커프스 달기

1 소맷부리에 주름을 잡고 트임 없는 커프스(54p 참고)로 마무리한다.

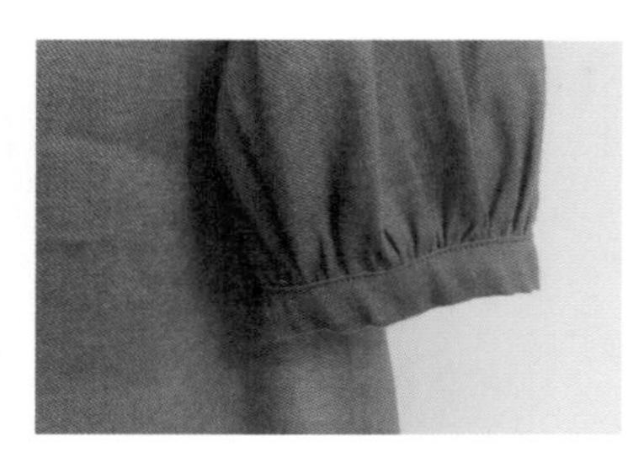

2 커프스로 마감한 비숍 소매

소맷부리 시접 마감

소맷부리에 별다른 장식 없이 시접만 마감하는 방법이다.

방법 1 오버로크 후 한 번 접어 재봉

방법 2 두 번 접어 재봉

TIP 접어서 마무리할 경우, 옆선을 먼저 재봉하면 좁은 원통이 되어 소맷부리 시접을 일정한 너비로 접기가 어려워진다. 그러므로 옆선을 재봉하기 전에 시접을 미리 접어 다려 놓는 것이 좋다.

1 시접을 접어 다린다.

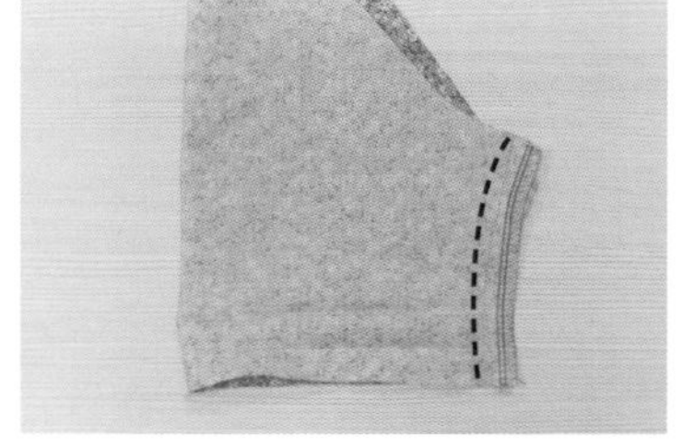

2 접은 부분을 펴고 옆선을 재봉한다.

3 다림질 선을 따라 다시 접어 재봉한다.

커프스

커프스(cuffs)는 셔츠나 블라우스의 소매 끝에 다는 장식을 의미하며, 같은 천 또는 다른 천으로 소맷부리 부분에 띠를 둘러 만든다. 소매통이 넓으면 트임을 주지 않아도 되지만, 소매통이 좁다면 트임을 주고 커프스를 달아야 한다.

방법 1 트임 없는 커프스

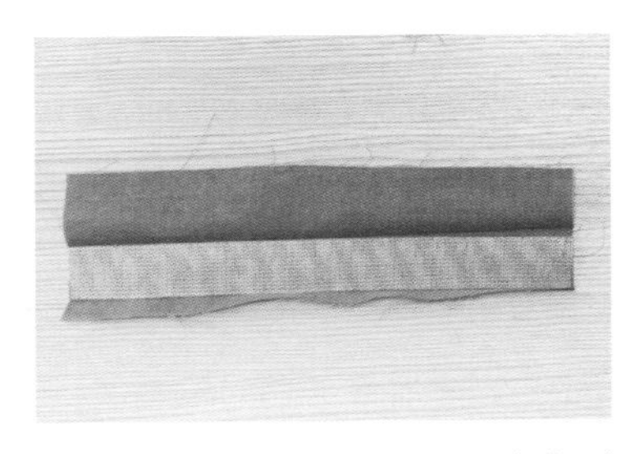

1 커프스 안쪽 면에 심지를 붙인 후 반 접어 다리고, 한쪽 면 가장자리를 1cm로 한 번 더 접어 다린다.

2 커프스의 옆면을 재봉하고 가름솔 처리 한다.

3 커프스 안쪽으로 소매를 넣어 소매의 안쪽 면과 커프스의 다리지 않은 쪽 겉면을 맞댄다.

4 시접 1cm 주고 한 바퀴 재봉한다.

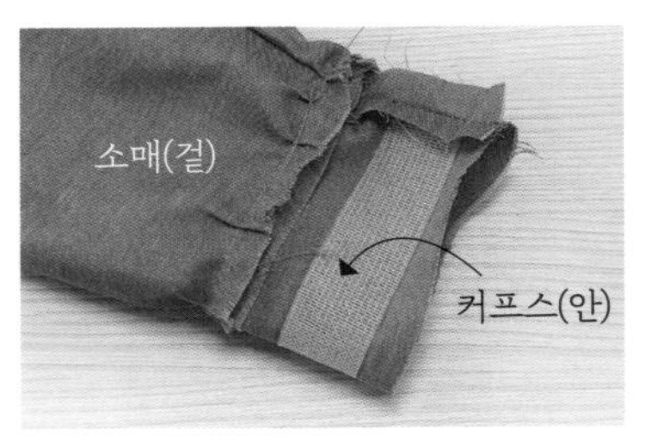

5 소매의 겉면이 밖으로 나오게 뒤집고, 커프스를 밖으로 꺼낸다.

6 1에서 다려 놓은 선을 따라 두 번 접으면 커프스가 소매의 겉면 완성선에 딱 맞게 올라온다.

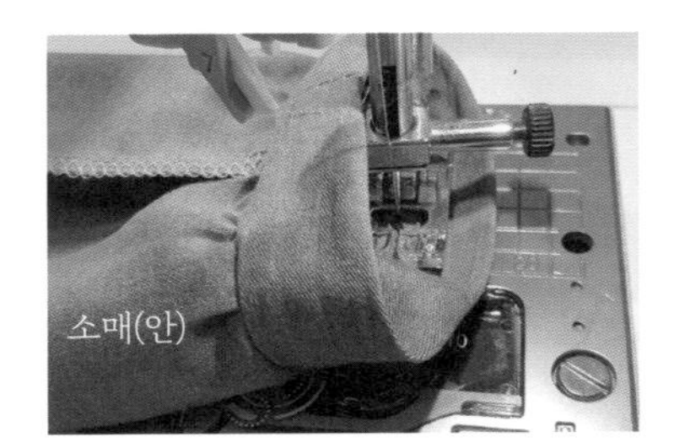

7 시접 0.1cm 주고 커프스를 상침한다. 이때 소매의 안쪽 면이 바깥 으로 나오게 해야 재봉이 편리하다.

커프스 사이즈는 가로 '손목(팔) 둘레+2cm+여유분', 세로='(커프스 폭×2)+2cm'로 재단한다.

방법 2 트임 있는 커프스

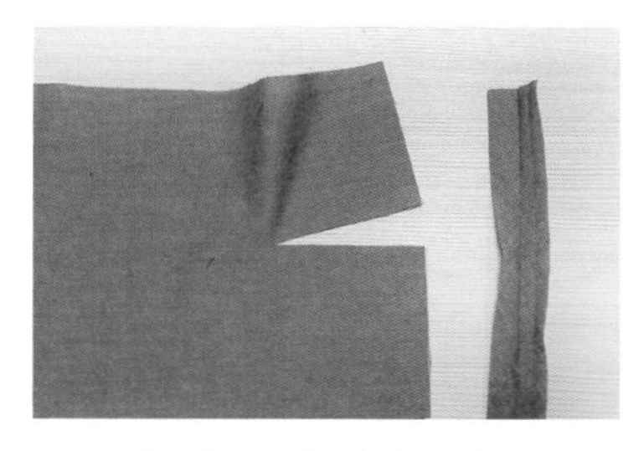

1 트임 만들 곳을 가위로 자르고, 폭 3.5cm, 길이 20cm 바이어스를 준비한다. 미리 4겹으로 접어 다려 두면 편리하다.

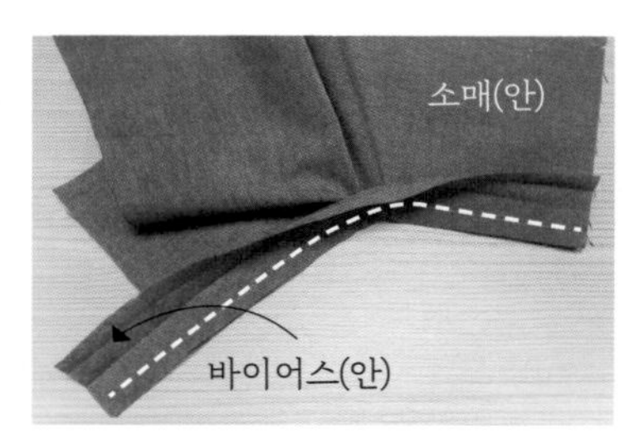

2 소매 안쪽 면과 바이어스 겉면을 맞대고 시접 0.8cm로 재봉한다. (트임 준 부분을 일자로 펼쳐 재봉하는데, 소매 원단이 약간 겹쳐지지만 그대로 밟고 지나간다.)

3 남은 바이어스를 두 번 접어 시접을 감싸고 겉쪽에서 재봉한다. 남은 바이어스는 자르고 트임의 좌우 길이가 맞는지 확인한다.

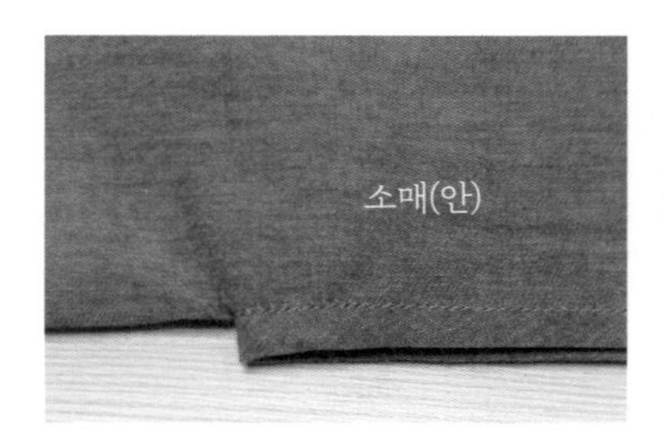

4 소매 안쪽에서 바이어스를 겹치게 놓는다.

5 바이어스를 사선으로 재봉한다.

6 커프스 안쪽 면에 심지를 붙인 후 반 접어 다리고, 한쪽은 시접 1cm로 한 번 더 접어 다린다.

7 커프스를 (6에서 접었던 반대로) 겉면이 맞닿게 반 접어서 옆선을 재봉한다. 이때 1cm 다린 곳은 접은 채로 재봉한다.

8 모서리 시접을 대각선으로 자른다.

9 뒤집어 다린다.

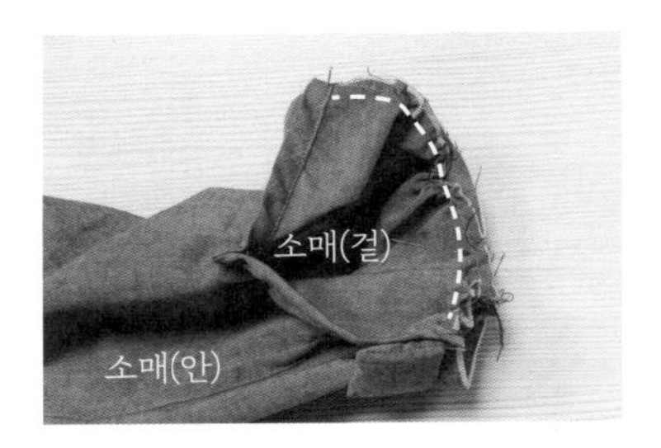

10 소매 안쪽 면과 커프스의 1cm 접어 다리지 않은 쪽 겉면을 맞대고 재봉한다. (소맷부리와 커프스의 길이가 딱 맞아야 한다.)

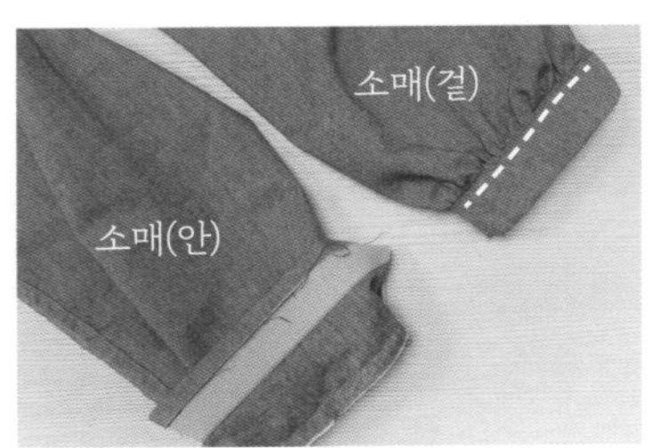

11 소매 겉면이 밖으로 오도록 뒤집고 커프스를 꺼내 과정 6에서 다린 선대로 접으면 커프스가 소매 겉면 완성선에 딱 맞게 올라온다. 시접 1cm 주고 커프스를 상침한다.

12 소매 솔기선에 가까운 쪽에 단추를 달고, 반대쪽에 단춧구멍을 만든다.(86p 동영상 QR 코드 참고)

- 단춧구멍 대신 천루프를 만들어 단추 고리로 사용해도 좋다.
- 천루프 만들기는 85p를 참고한다.

견보루

소매 트임에 끝이 뾰족한 덧댐 천을 붙여서 마감하는 것을 견보루라고 한다. 삼각형 모양이라 '뾰족단'이라고도 한다.

1 패턴대로 덧댐 천을 2장씩 재단하고 심지를 붙인다. (제공된 패턴은 시접 포함임)

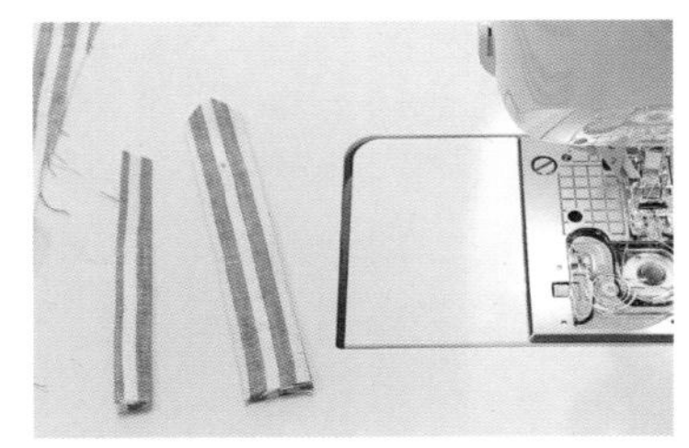

2 패턴에 표시된 점선을 따라 접고 다린다.

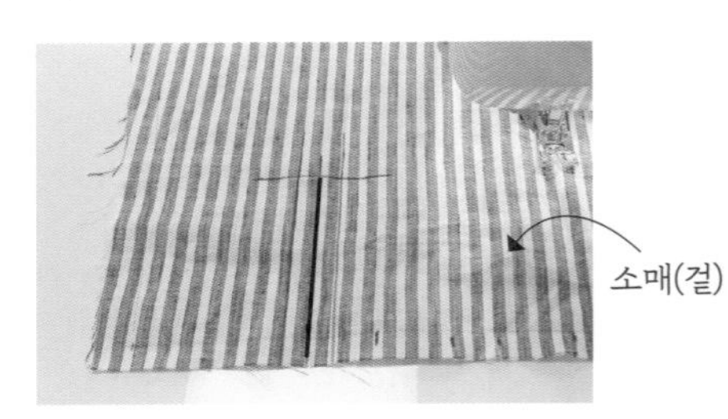

3 소매 겉면에 트임선을 그린다.

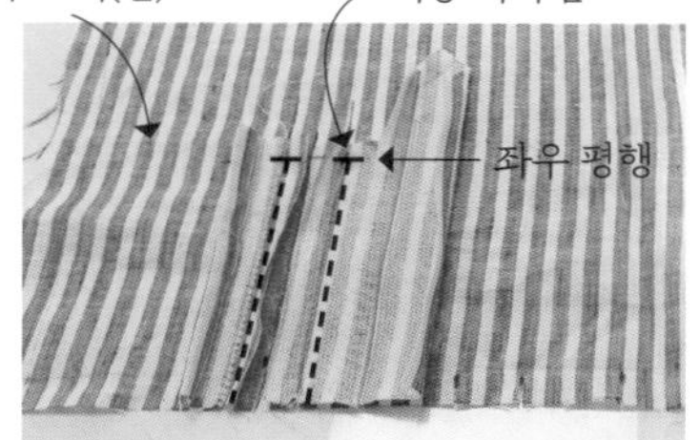

4 트임선 양쪽에 덧댐 천을 올려놓고 시접 1cm로 재봉한다. 양쪽 재봉 시작점이 평행하게 맞아야 한다.

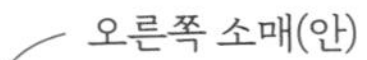

5 반대편 소매는 덧댐 천의 모양과 놓는 위치가 다름에 주의한다. (서로 대칭됨)

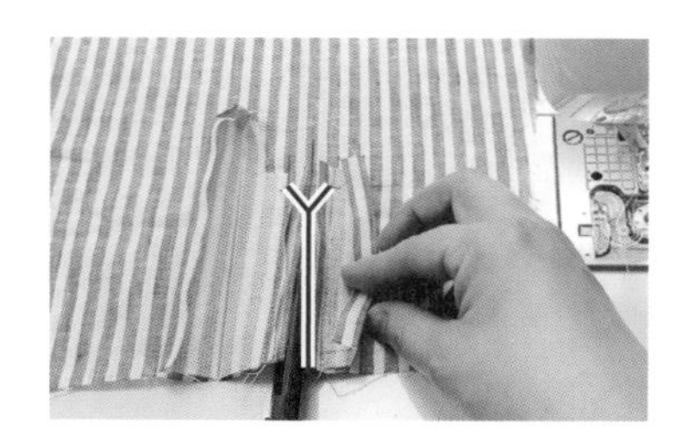

6 트임선을 Y자로 자른다. 4의 재봉 시작점에 아주 가깝게 잘라야 한다.

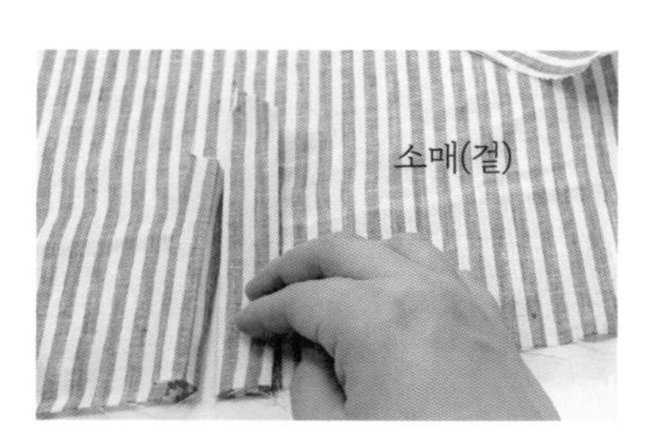

7 원단을 뒤집어 겉이 보이도록 놓고 덧댐 천을 겉면으로 꺼내 정리한다.

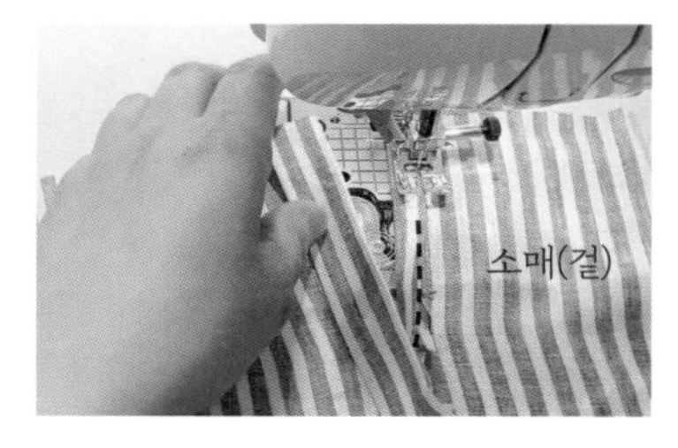

8 작은 덧댐 천을 미리 다린 모양대로 접어 상침한다.

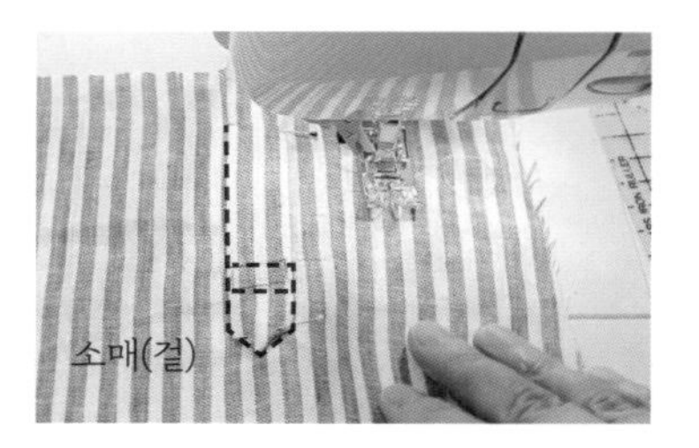

9 큰 덧댐 천도 미리 다린 모양대로 접어 상침한다.

큰 덧댐 천과 작은 덧댐 천의 위치가 좌우 소매에 따라 달라짐에 주의한다.
소매 솔기선에 가까운 쪽에 작은 덧댐 천을 댄다.

롤업 소매

소매를 걷어 올릴 때 끈으로 고정할 수 있어 실용적일 뿐 아니라 장식 효과도 있다.

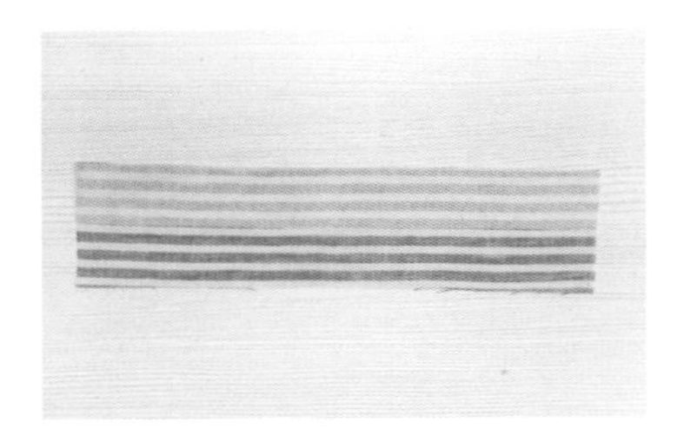

1 끈으로 쓸 부분을 재단하고 심지를 붙인다. 위아래를 1cm씩 접고, 다시 반 접어 다린다.

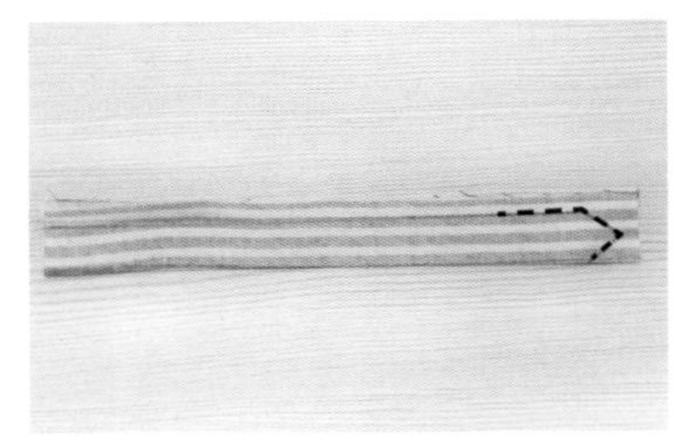

2 1에서 접은 선을 잠시 반대로 접어 겉끼리 맞대고 일부만 재봉한다.

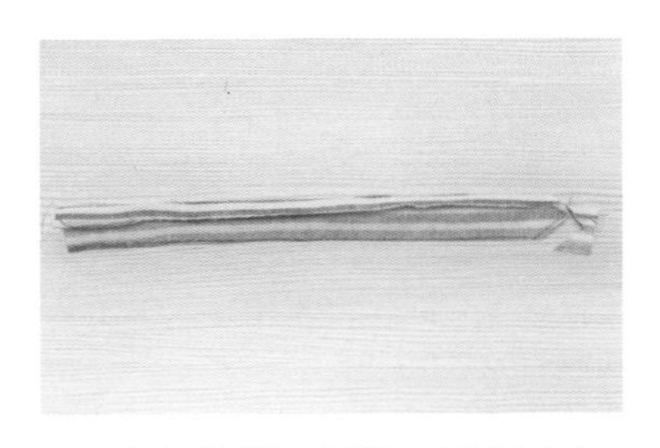

3 2에서 재봉한 시접을 조금만 남기고 자른다.

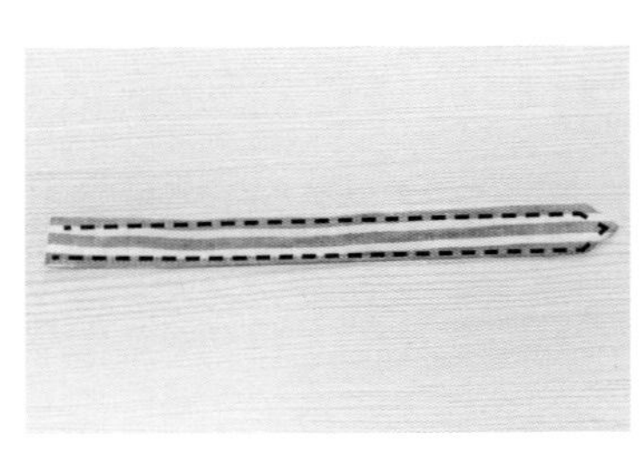

4 겉면이 바깥으로 오도록 뒤집고 테두리를 상침하여 끝이 세모난 긴 끈을 완성한다.

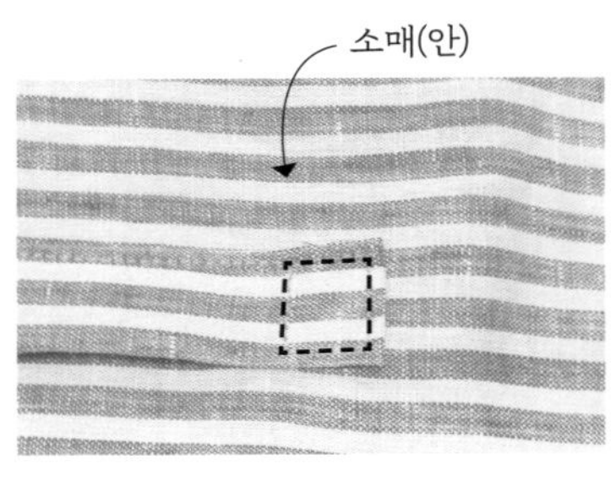

5 끈의 끝부분을 한 번 접어 소매 안쪽 면에 올려놓고 상침하여 고정한다.

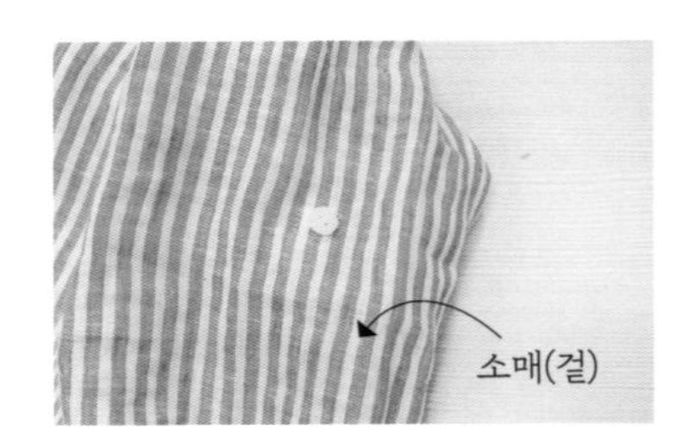

6 소매의 겉면에 단추를 단다.

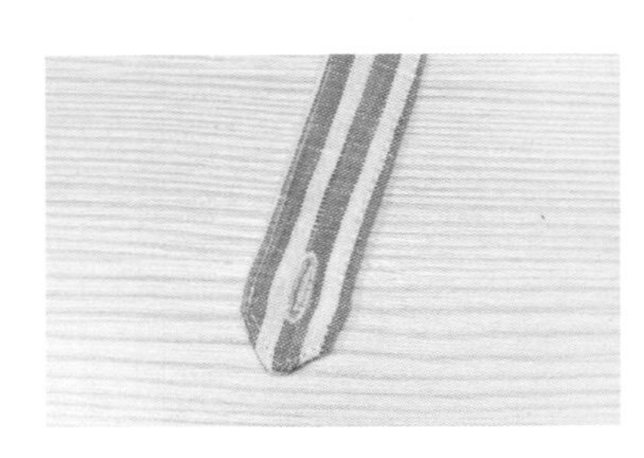

7 끈의 세모꼴 부분에 단춧구멍을 낸다.

8 완성된 모습

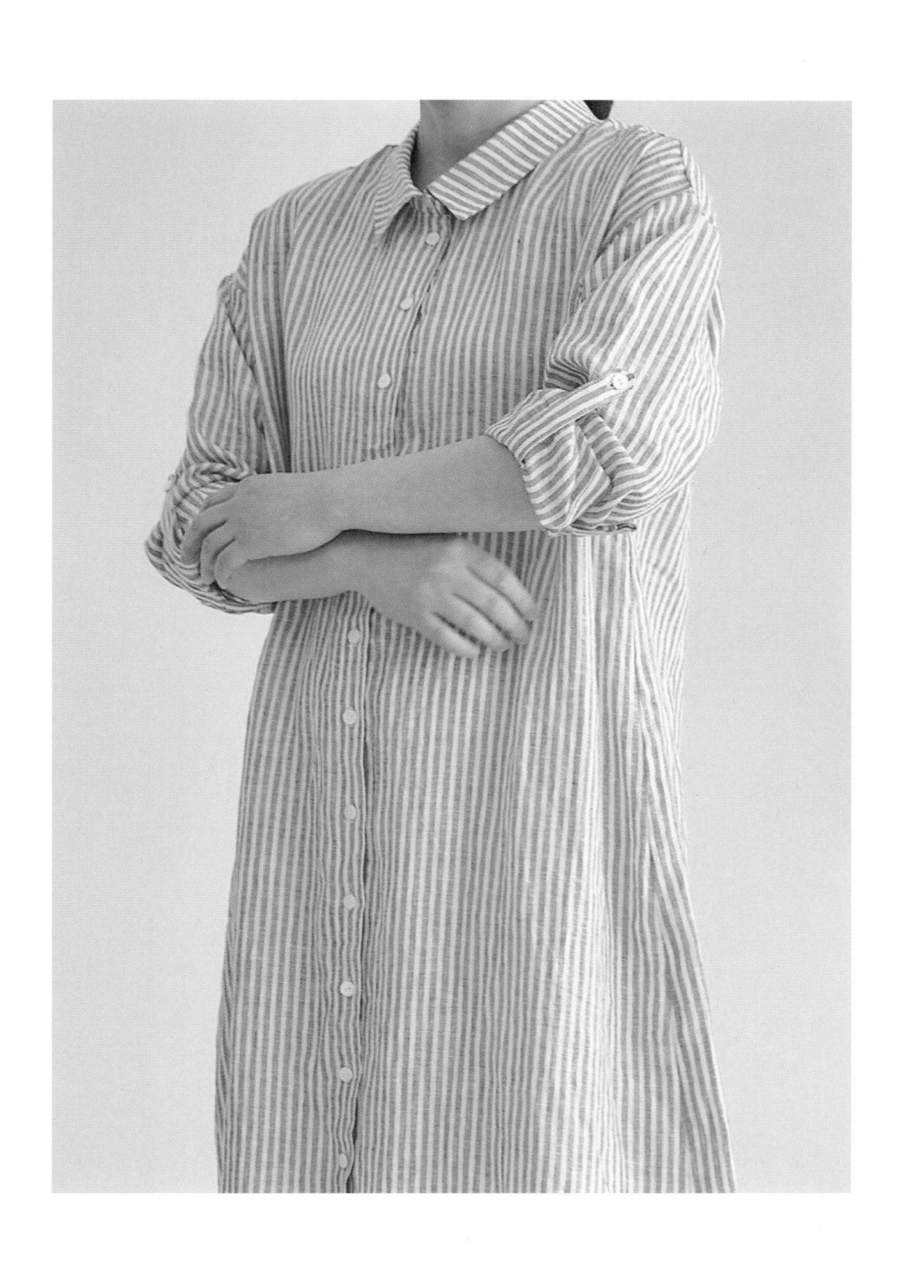

Lesson 4. 부분 봉제법(목둘레 트임 및 칼라)

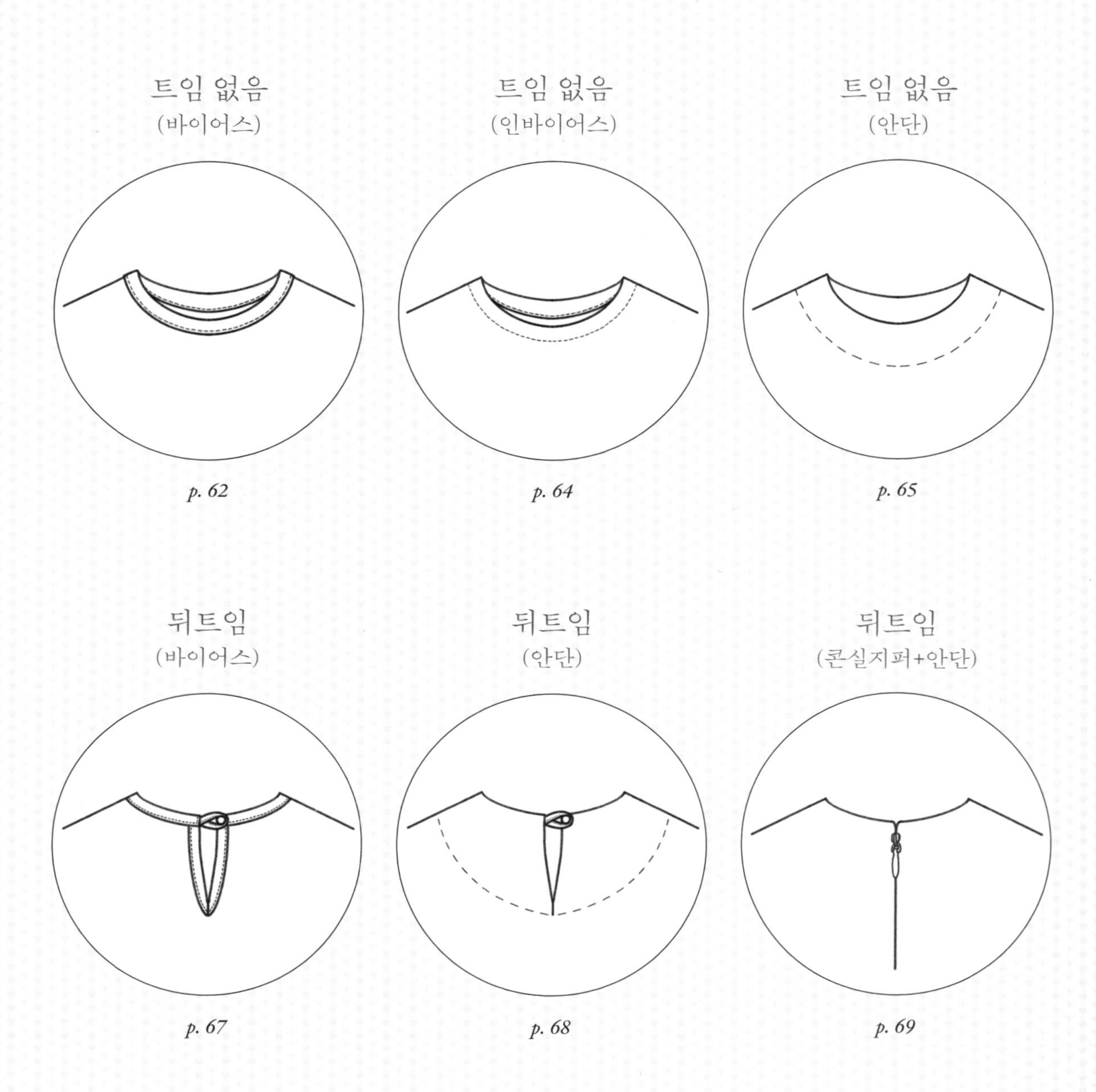

p. 62
p. 64
p. 65
p. 67
p. 68
p. 69

앞트임

p. 73

반트임

p. 75

전면 다트임

p. 75

헨리넥

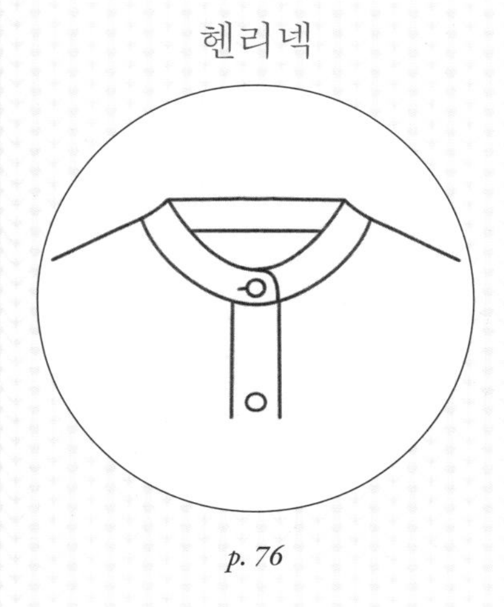

p. 76

셔츠칼라

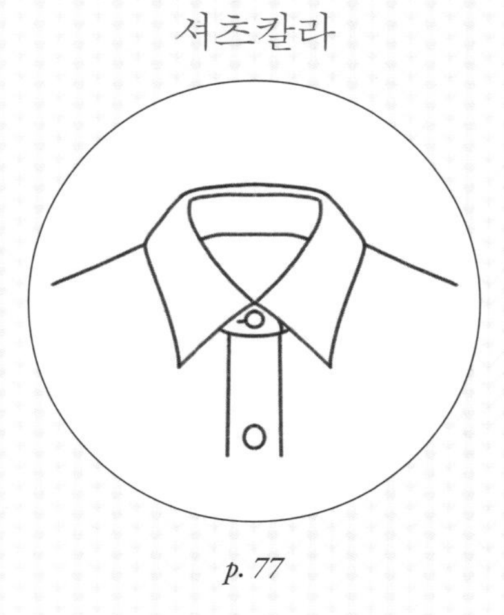

p. 77

둥근 셔츠칼라

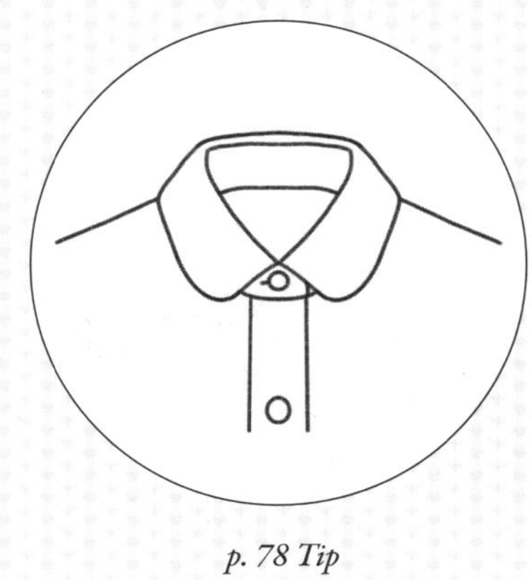

p. 78 Tip

Lesson 4

부분 봉제법(목둘레 트임 및 칼라)

목둘레 부분에는 입고 벗기 편하도록 트임을 주어야 하는 경우가 있는데, 어떤 트임을 주느냐에 따라 디자인과 느낌이 많이 달라진다. 디자인과 난이도를 고려하여 만들고자 하는 옷의 트임을 결정한다.

트임 없음

목둘레가 충분히 커서 트임이 필요 없는 디자인은 목둘레의 시접 처리만 하면 된다. 다음 3가지 방법 중 하나를 선택하여 마무리한다.

방법 1 바이어스

1 폭 4cm, 길이 '목둘레+10cm'의 바이어스를 준비한다.

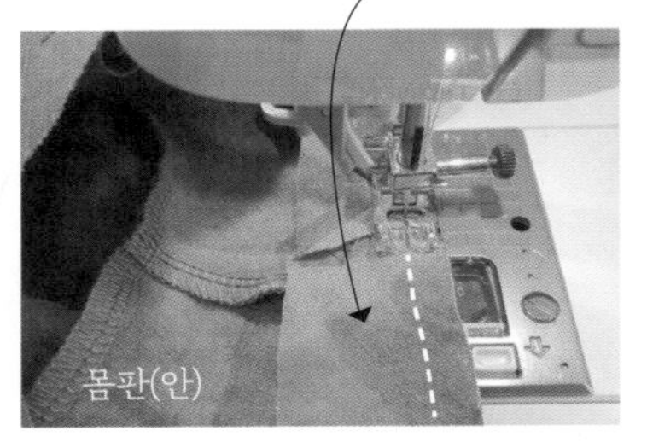

2 몸판의 안쪽 면과 바이어스 겉면을 맞대고 시접 0.9~1cm 주어 재봉한다.

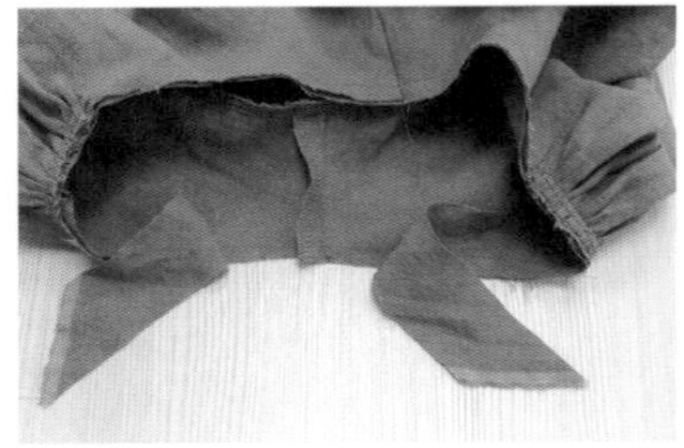

3 한 바퀴 재봉하기 6~8cm 전에 멈춘다.

4 바이어스 겉면이 사선으로 맞닿도록 접는다.

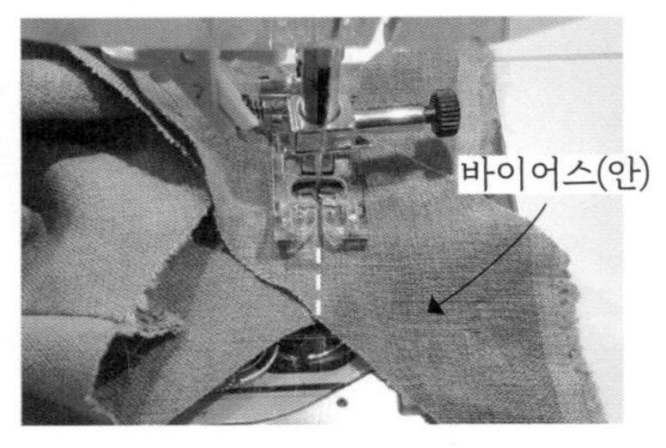

5 겉끼리 맞댄 안쪽 면이 위로 올라오게 놓고 사선을 따라 재봉한다. 시침핀으로 고정하면 재봉 시 편리하다.

6 시접을 1cm 남기고 자른 뒤 가름솔 처리 한다.

7 3에서 남겨 둔 부분을 마저 재봉한다.

8 재봉한 솔기를 바깥쪽으로 펼쳐 다린다.

9 남은 시접을 두 번 접어 겉면 위에 올리고 한 바퀴 재봉한다. (미리 다리고 재봉해야 예쁘게 된다.)

10 완성 후 스팀 다리미로 다리면 모양이 잘 잡힌다.

방법 2 인바이어스

1 폭 3cm, 길이 '목둘레+10cm'의 바이어스를 준비한다.

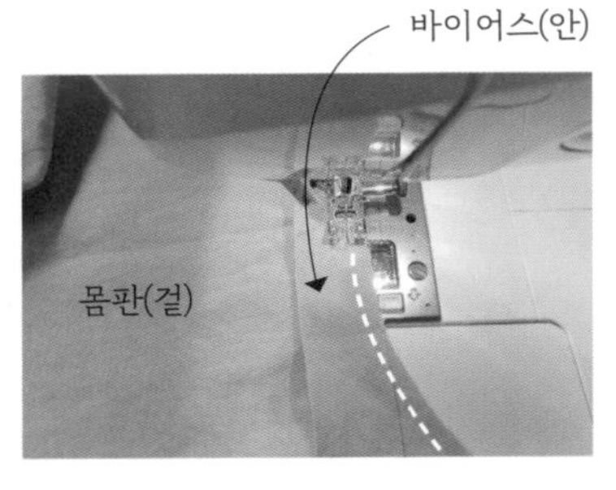

2 몸판과 바이어스를 겉끼리 맞대고 시접 0.9~1cm 주고 재봉한다.

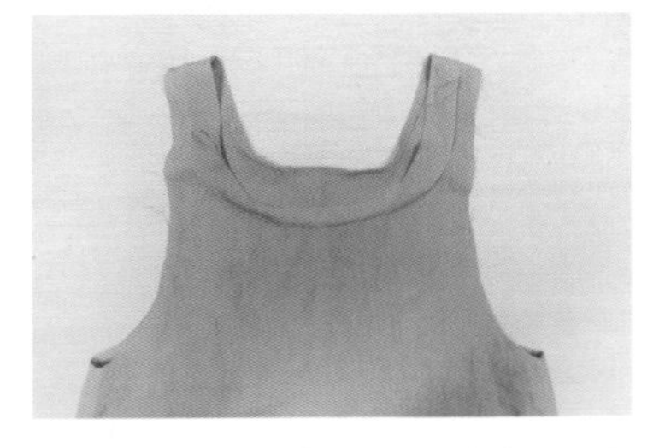

3 62p '바이어스' 마감의 과정 3~8을 따라 다림질까지 마친다.

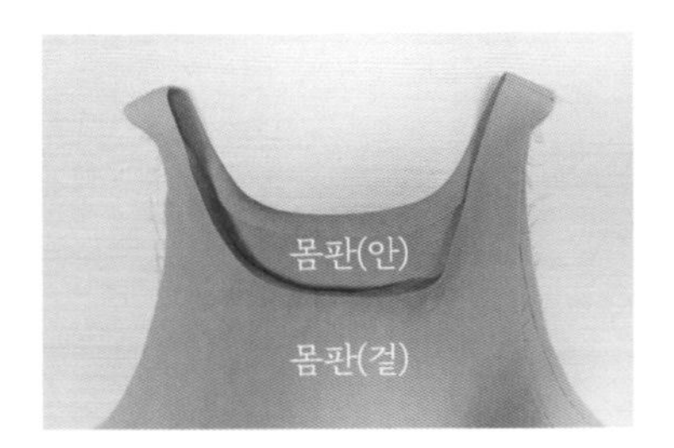

4 재봉한 선을 따라 시접과 바이어스를 함께 안쪽으로 접어 다린다. (이때 솔기선이 안쪽으로 아주 조금만 더 들어가는 것이 좋다.)

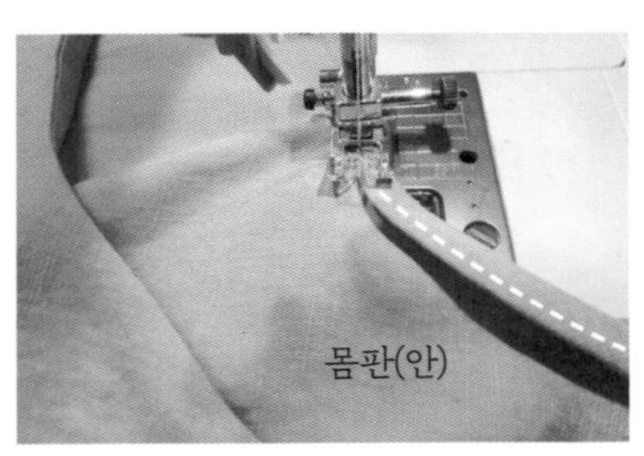

5 남은 바이어스를 1cm 접으면 시접을 감싸게 된다. 시접 0.1cm 주고 한 바퀴 재봉한다. 바이어스를 잡아당기지 말고 다림질 모양 그대로 재봉해야 예쁘게 된다.

TIP

	바이어스	인바이어스
바이어스 폭	4cm	3cm
몸판의 시접	0cm	1cm
재봉 시작	몸판의 안쪽 면에서	몸판의 겉면에서
시접 접기	몸판의 시접 1cm는 그대로 있고 바이어스만 겉쪽으로 접음	몸판의 시접1cm와 바이어스를 함께 안쪽으로 접음
마감 재봉	몸판의 겉면에서	몸판의 안쪽 면에서
비고	-	겉에서 보이지 않으므로 몸판과 다른 원단 사용 가능

방법 3 트임 없는 안단

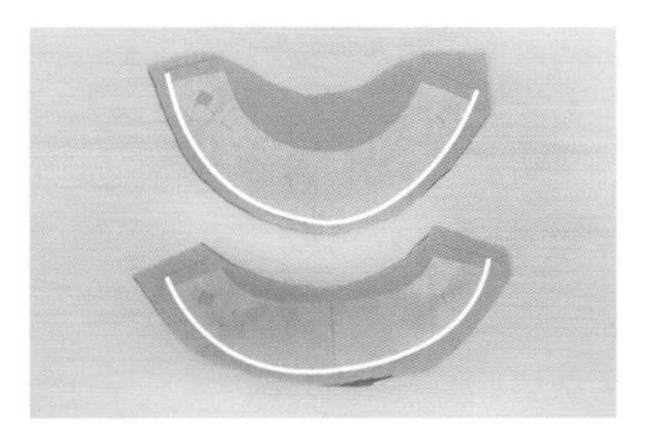

1 원단의 겉면과 실크 심지의 풀 묻지 않은 면을 맞닿게 놓고 패턴의 바깥 곡선 부분을 옮겨 그린다. 이때 시작과 끝 부분을 패턴보다 1.5cm 길게 그린다.

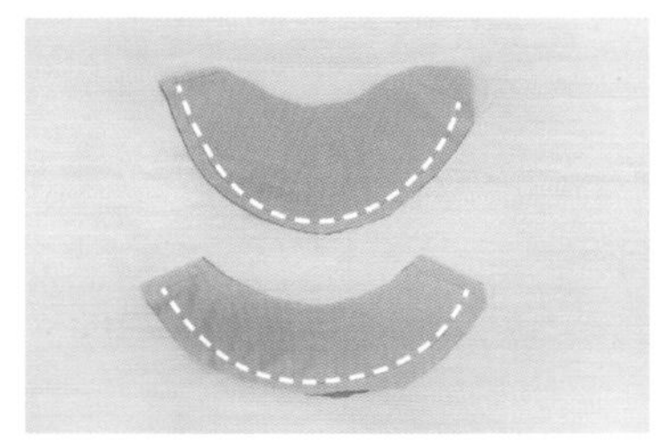

2 1에서 그린 선을 따라 재봉한 후, 시접을 0.3cm만 남기고 자른다.

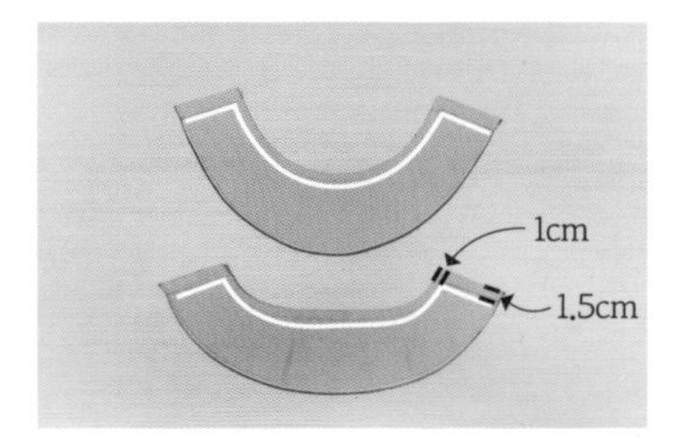

3 자른 시접이 안으로 가도록 뒤집어 다리면 원단 안쪽에 심지가 부착된다. 패턴을 대고 목둘레 및 어깨선의 완성선과 시접선을 그리고 시접선대로 자른다.

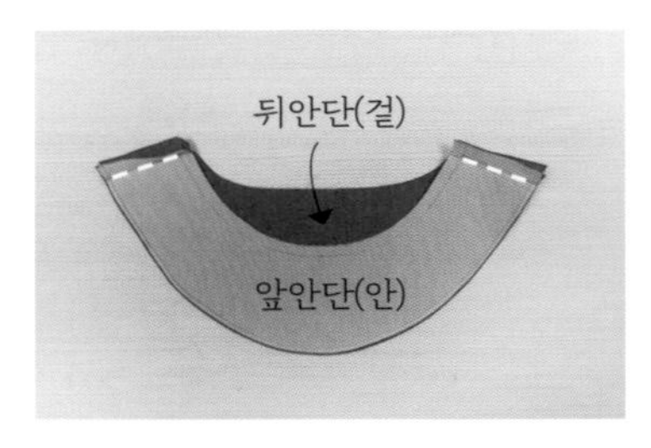

4 앞안단, 뒤안단을 겉끼리 맞대고 어깨선을 시접 1.5cm로 재봉한다.

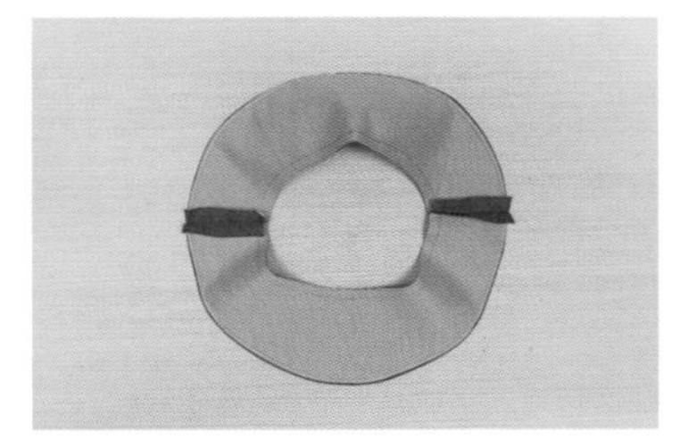

5 시접은 가름솔로 갈라 다린다.

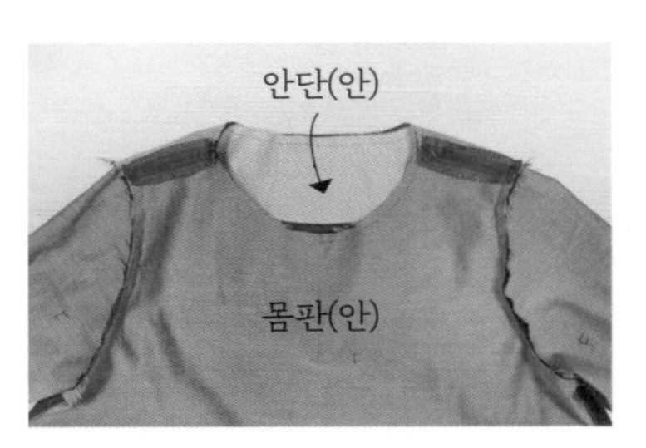

6 옷의 안쪽이 밖으로 나오게 뒤집고, 속으로 안단을 넣어 몸판과 안단을 겉끼리 맞댄다. 옆목점, 앞중심선, 뒷중심선을 맞추어 시침핀 등으로 고정한다.

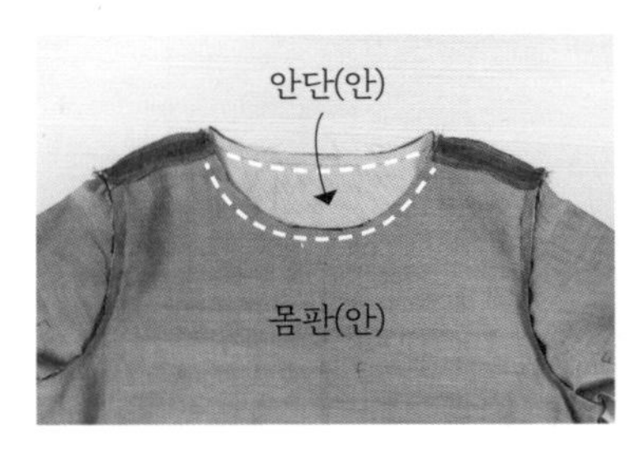

7 목둘레를 시접 1cm로 한 바퀴 재봉한다.

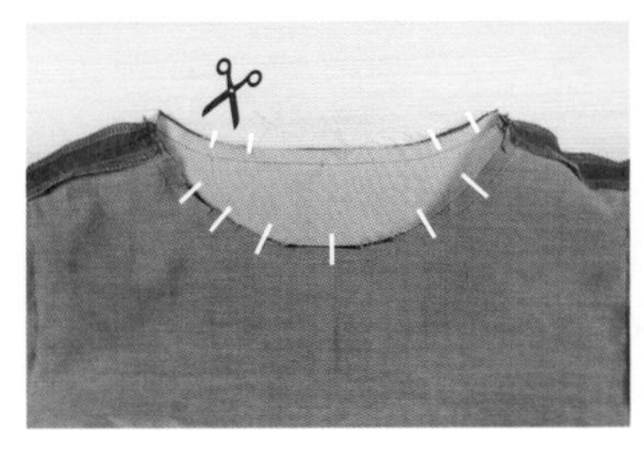

8 시접의 곡선 부분에 가위집을 낸다.

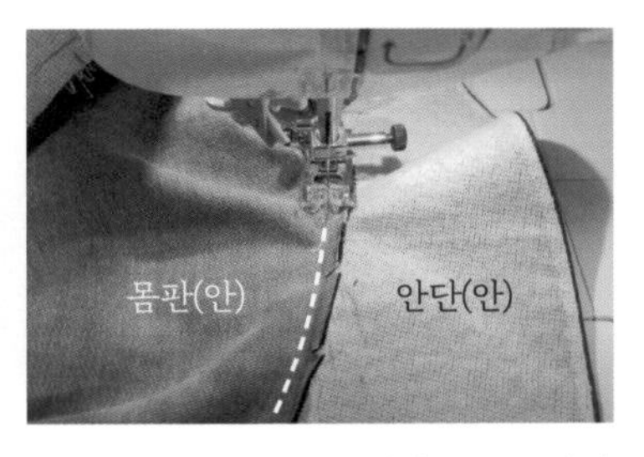

9 시접 2장과 안단을 겹쳐 0.1cm 간격 주고 상침한다.

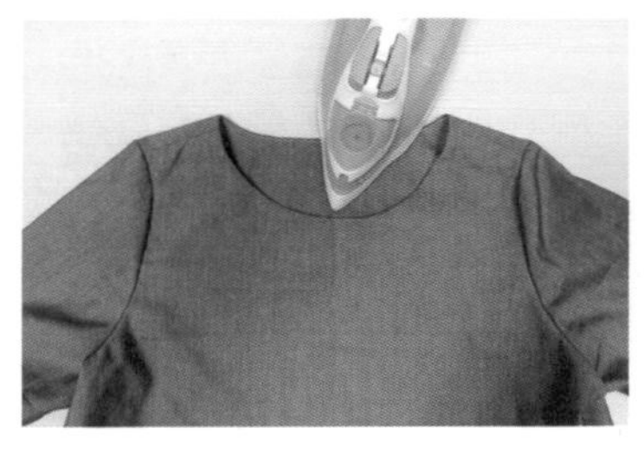

10 안단을 옷 안쪽으로 꺾어 넣고 다린다.

11 안단이 움직이는 것이 싫으면 몸판과 상침하거나, 어깨 시접끼리 실루프로 고정한다. (84p '실루프 만들기' QR코드 영상 참고)

• 상침을 생략해도 되지만, 상침하면 안단이 안쪽으로 잘 꺾여 들어가 옷 맵시가 더 좋아진다.
• V넥은 몸판 안쪽 면에도 심지를 약간 붙이고, 뒤집기 전에 V자 시접에 가위집을 낸다.
• 안단을 조금 더 쉽게 만드는 방법은 아래 영상을 참고한다.

뒤트임

뒷중심선에 트임을 주어 몸판 앞쪽이 깔끔해 보인다. 트임 부분에는 단추를 달아야 하는데 시판되는 단추 고리를 구입하거나 천루프를 만들어 사용한다.

방법 1 바이어스

1 뒷목 중심에서 8~9cm 길이의 선을 긋고 자른다. 폭 3.5cm 바이어스를 준비한다.

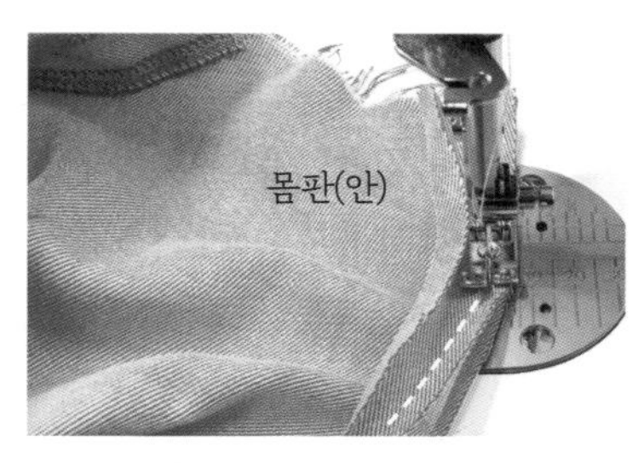

2 자른 부분의 안쪽 면과 바이어스의 겉면을 맞대고 시접 0.8cm로 재봉한다.

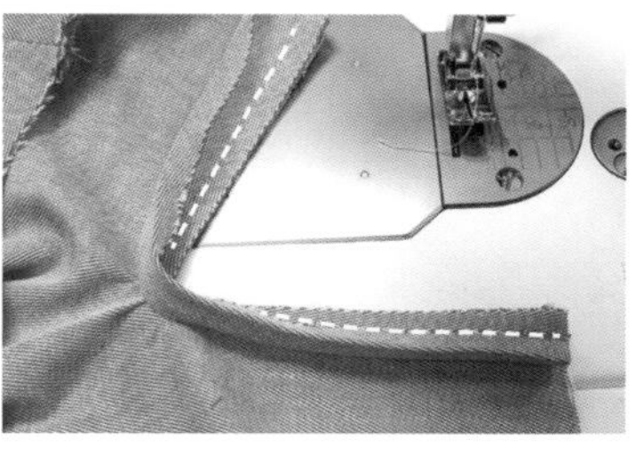

3 트임 준 부분을 일자로 펼쳐 재봉하는데, 몸판 원단이 약간 겹쳐지지만 그대로 밟고 지나간다.

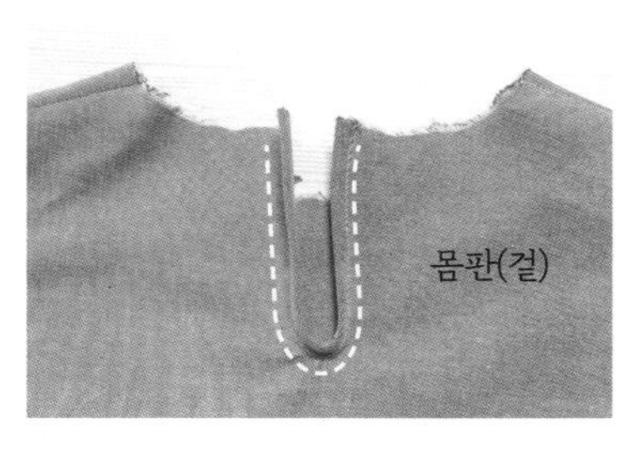

4 몸판 겉면이 밖으로 향하게 뒤집고, 바이어스를 겉면 쪽으로 두 번 접어 2에서 재봉한 선 위에 올려놓고 상침한다.

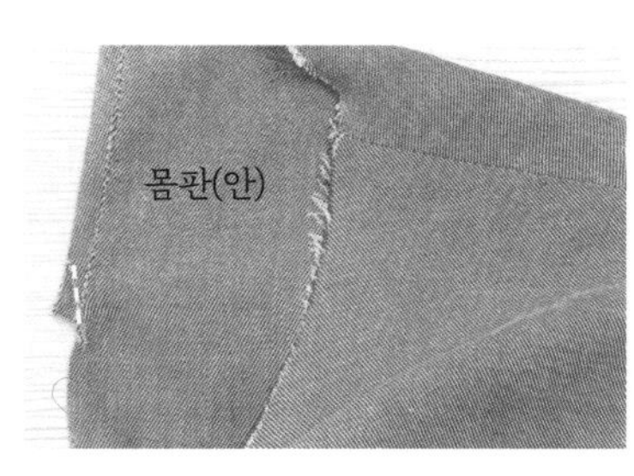

5 몸판의 안쪽 면에서 바이어스를 겹치게 접어 놓고 사선으로 재봉한다.

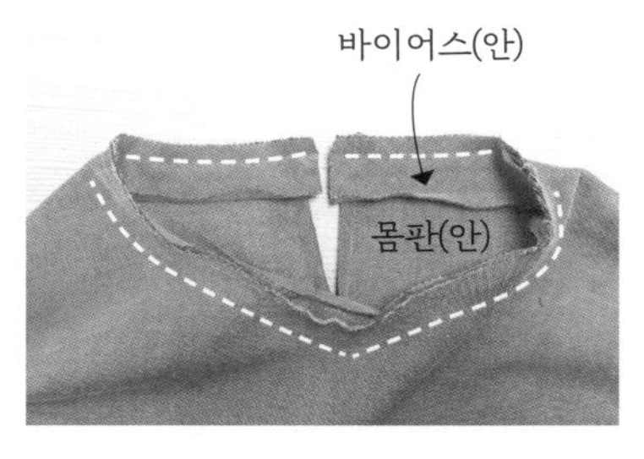

6 목둘레 안쪽 면에 폭 4cm 바이어스의 겉면을 맞대고 시접 1cm로 재봉한다. 이때 바이어스의 처음과 끝은 1cm씩 길게 남긴다.

7 천루프 또는 단추 고리를 준비한다.

8 겉면이 밖으로 향하게 뒤집고, 겉쪽에서 바이어스를 감싸며 재봉한다. 이때 천루프를 끼워서 재봉한다.

9 천루프를 끼워 재봉한 모습

10 단추를 달아 완성한다.

과정 9에서 천루프를 끼워 재봉하는 구체적인 방법은 QR 코드의 영상을 참고한다.

방법 2 뒤트임 안단

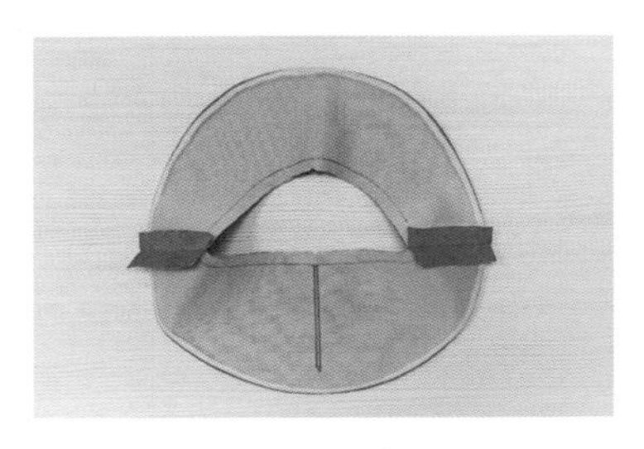

1 65p '트임 없는 안단'의 과정 1~5를 따라 가름솔까지 마친다.

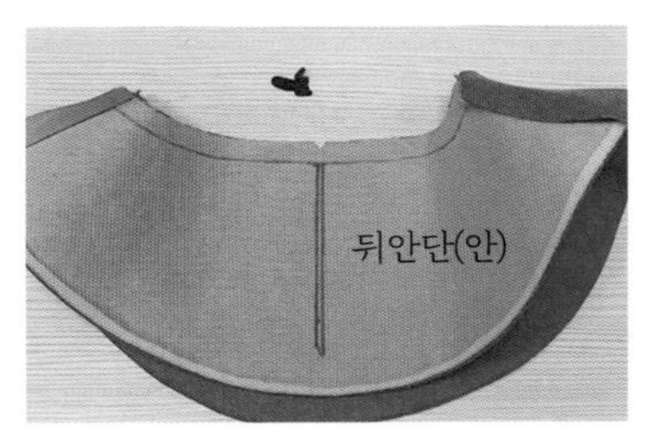

2 뒤안단 안쪽 면 중심에 트임을 위한 선(7~8cm)을 그린다. 단추 고리 또는 천루프를 준비한다.

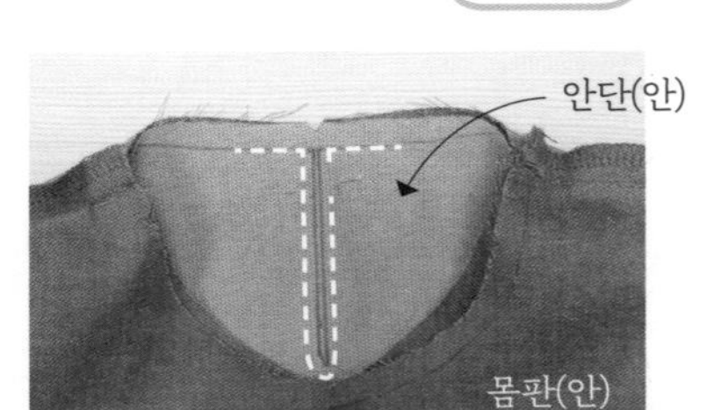

3 몸판과 안단의 겉면이 맞닿게 안단을 넣고 옆목점, 앞중심선, 뒷중심선을 맞추어 시침핀으로 고정한다. 단추 고리 들어갈 부분을 남기고 트임선과 주변을 재봉한다.

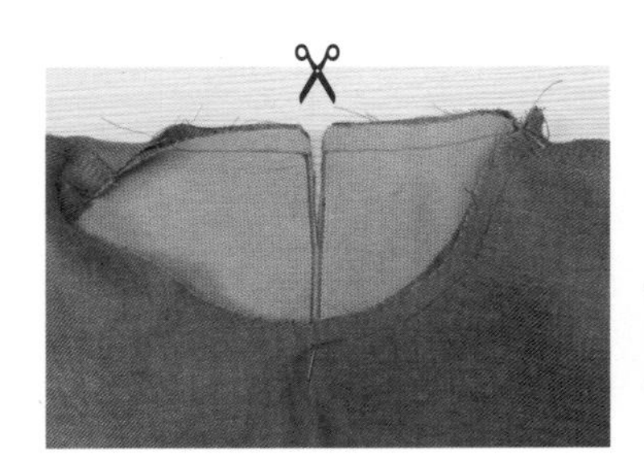

4 트임선 사이를 가위로 조금 자른다.

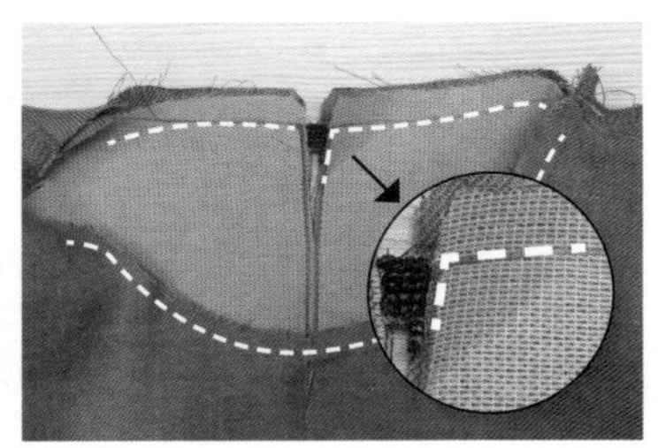

5 몸판과 안단 사이에 단추 고리를 끼워 트임선을 마저 재봉하고, 목둘레도 한 바퀴 재봉한다.

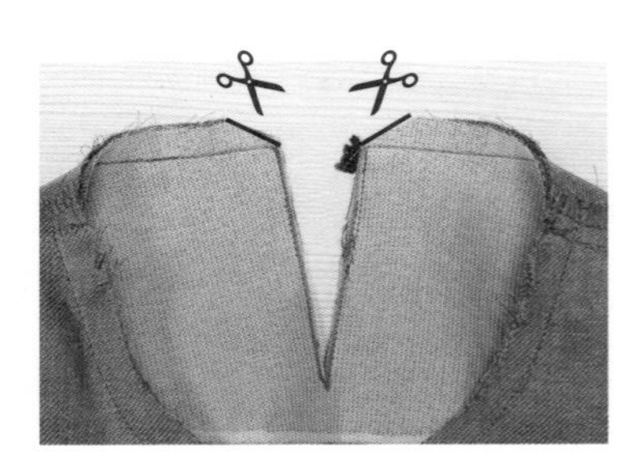

6 트임선 사이를 마저 자르고 모서리 시접은 대각선으로 자른다.

7 곡선 부분 시접에 가위집을 내고, 시접 2장과 안단을 겹쳐서 0.1cm 간격 주고 상침한다.

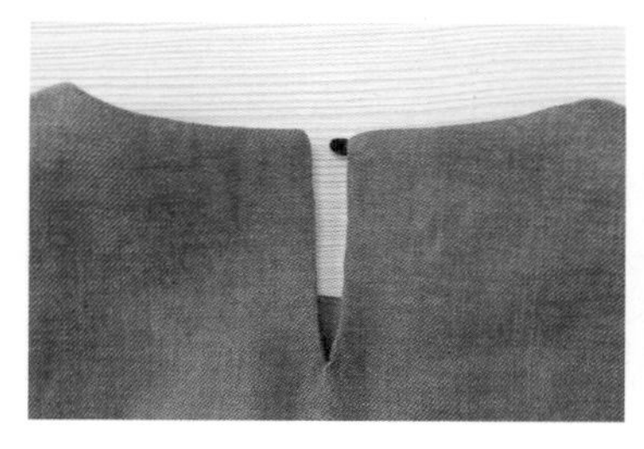

8 뒤집어 잘 다린다.

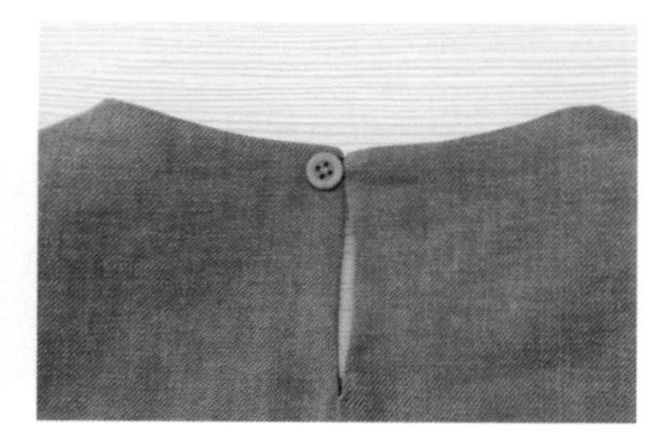

9 단추를 달아 준다.

과정 7의 상침은 생략해도 되지만, 상침하면 안단이 안쪽으로 잘 꺾여 들어가 옷맵시가 더 좋아진다.

방법 3 콘실지퍼+안단

콘실지퍼는 원피스지퍼, 숨은 지퍼라고도 한다. 겉면에서 지퍼가 보이지 않으므로 원피스나 스커트 잠금으로 많이 사용하며 뒷중심에 달기도 하고 옆선에 다는 경우도 있다. 과정이 어려우므로 동영상을 함께 참고한다.

콘실지퍼+안단 1편

콘실지퍼+안단 2편

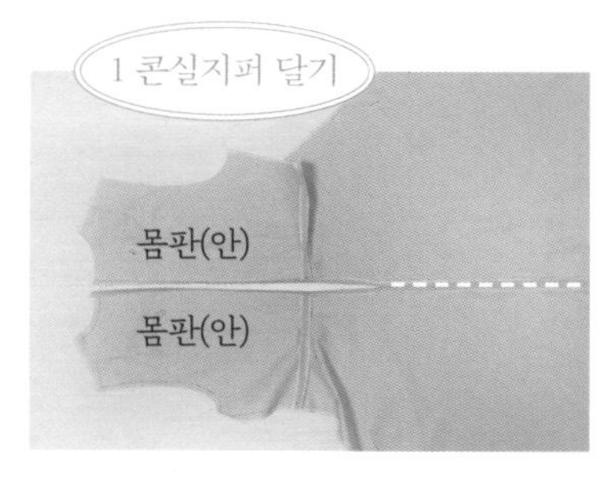

1 지퍼 달 부분만 남겨 놓고 몸판을 재봉한다. 지퍼가 달릴 완성선은 다림질 또는 선을 그어 표시해 둔다.

2 콘실지퍼는 이빨이 안쪽으로 말려 있는데 이를 다림질로 편다.

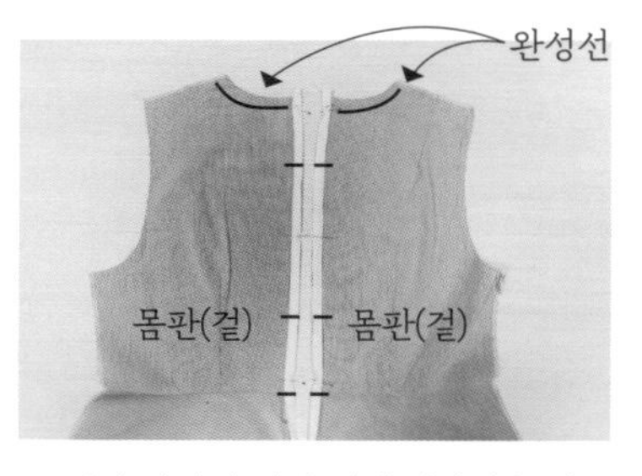

3 겉면 완성선 위에 지퍼 이빨이 놓이도록 핀으로 고정한다. 이때 목둘레 완성선에서 0.2~0.3cm 못 미치는 지점에서 지퍼가 끝나도록 지퍼를 배치한다.

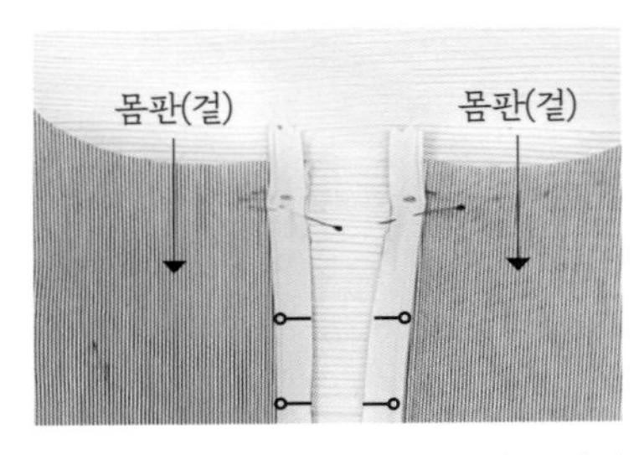

4 지퍼를 재봉하는 동안 좌우가 틀어지기 쉬우므로 중간중간에 펜으로 평행선을 그려 두는 것이 좋다.

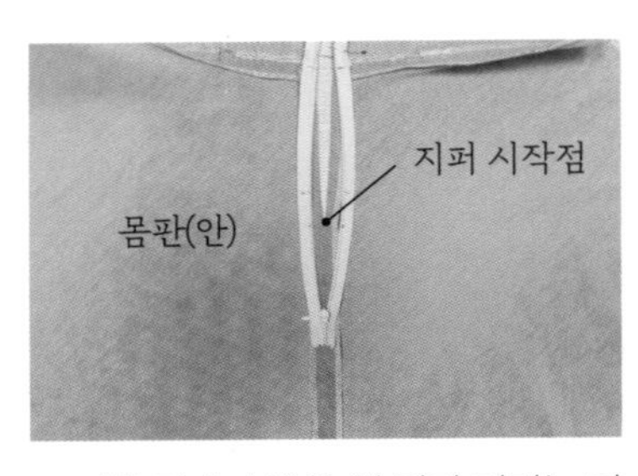

5 안쪽 면에서 봤을 때 지퍼 머리는 지퍼 시작점에서 4~6cm 아래에 두어야 나중에 지퍼 머리가 빠져나올 수 있다.

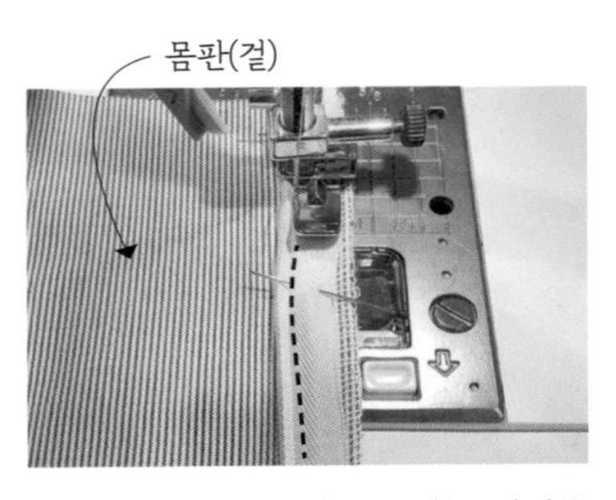

6 지퍼 노루발로 바꾸고 바늘 위치를 지퍼에 최대한 가깝게 붙여서 재봉한다. 이때 지퍼가 옆으로 밀려나지 않도록 왼손으로 지퍼를 밀면서 작업해야 한다.

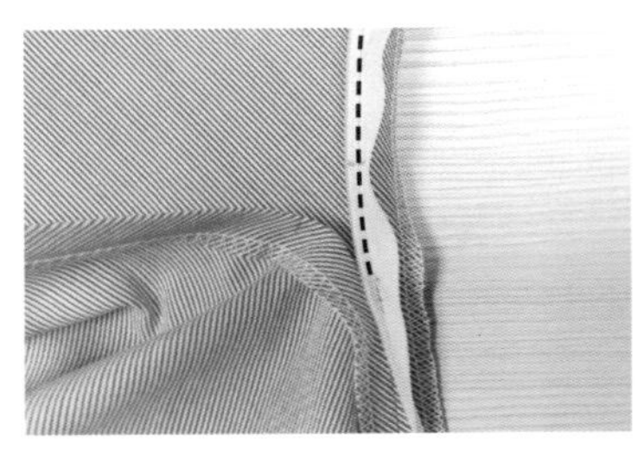

7 정확히 지퍼 시작점까지 재봉한다. 3에서 고정한 대로 작업하여 원단과 지퍼가 밀리지 않도록 한다.

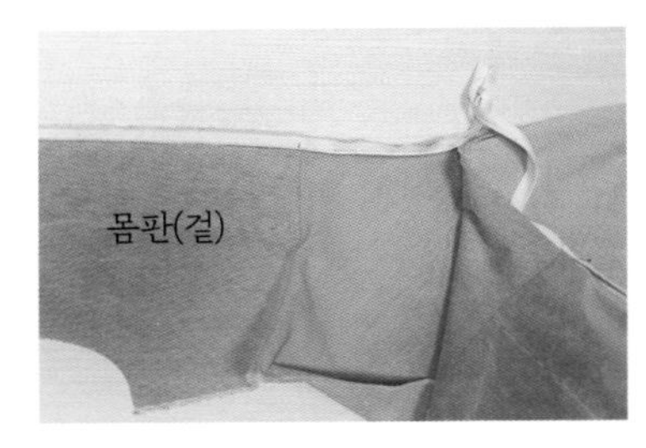

8 한쪽 지퍼를 재봉한 모습

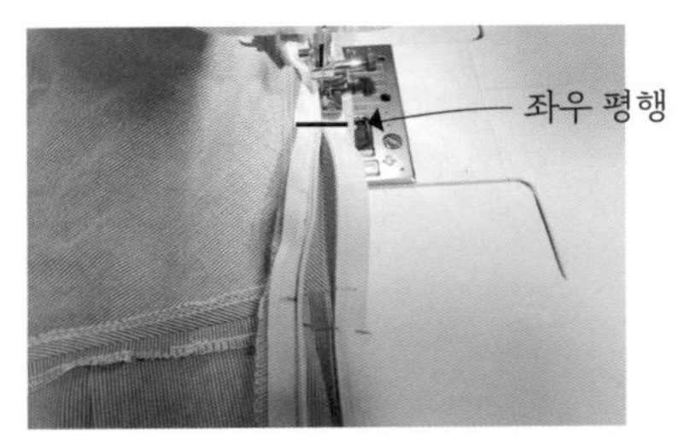

9 반대쪽 지퍼는 반대 방향에서 재봉을 시작한다. 좌우가 틀어지지 않도록 시작점과 표시해 둔 평행선을 잘 맞춘다.

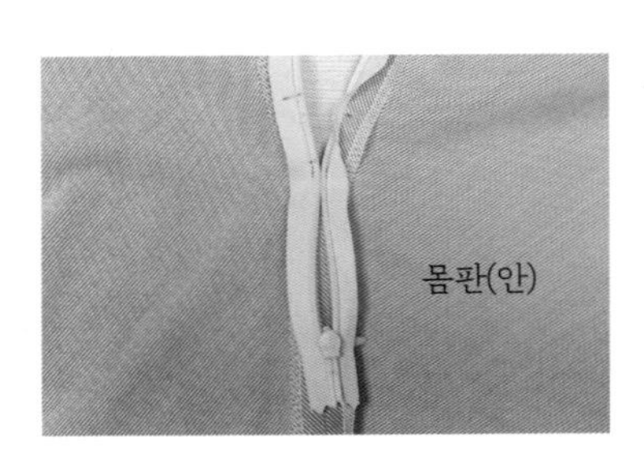

10 반대편 지퍼 재봉을 마친 모습

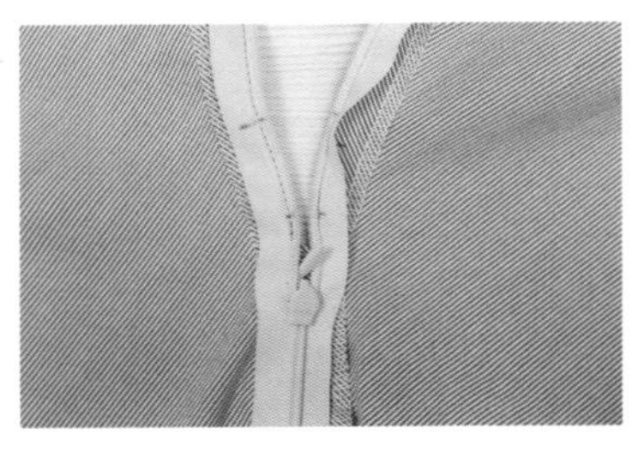

11 5에서 남겨 둔 공간으로 지퍼 머리를 빼면서 지퍼를 잠근다.

12 지퍼 머리가 밖으로 나온 겉모습

13 지퍼를 끝까지 올려 시작점과 끝점이 틀어지지 않고 잘 맞았는지, 원단이나 지퍼가 울지는 않았는지 확인한다.

2 안단 달기

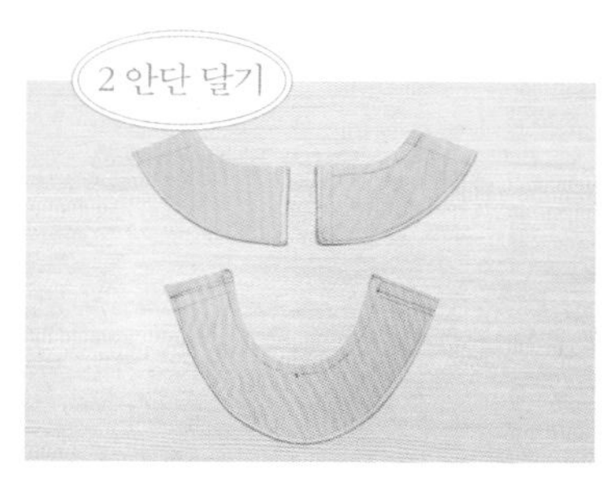

1 65p '트임 없는 안단'의 과정 1~3을 따라 안단에 심지를 붙여 준비한다. 이때 뒤안단은 2장으로 재단하고 중심선에 시접 1.5cm를 준다.

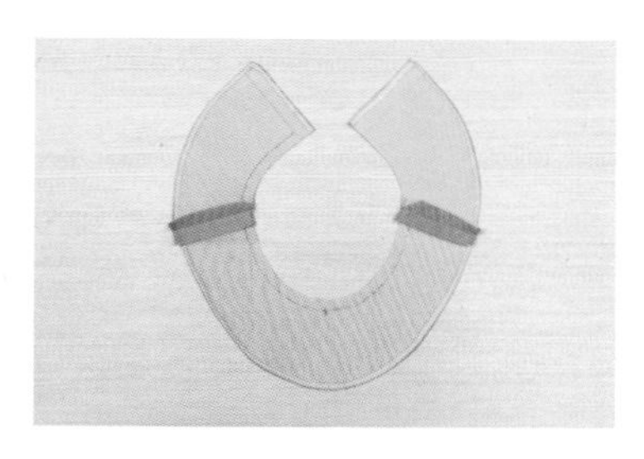

2 어깨선을 재봉하고 가름솔 처리 한다.

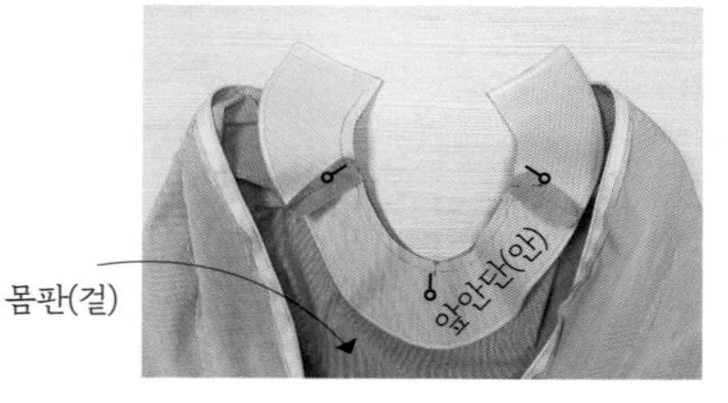

3 몸판과 안단을 겉끼리 맞대고 핀으로 고정한다.

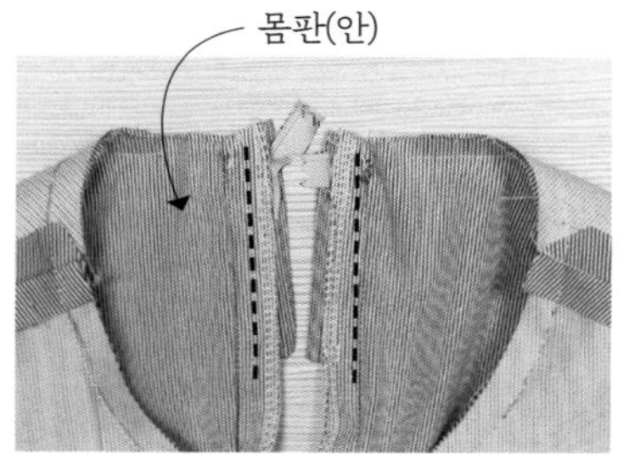

4 뒷중심선은 안단이 몸판보다 0.6~0.8cm 밖으로 나오도록 고정한다. 안단과 몸판의 뒷중심선을 함께 재봉한다. (이때 지퍼 윗부분을 옆으로 꺾어서 같이 박는 것이 좋다.)

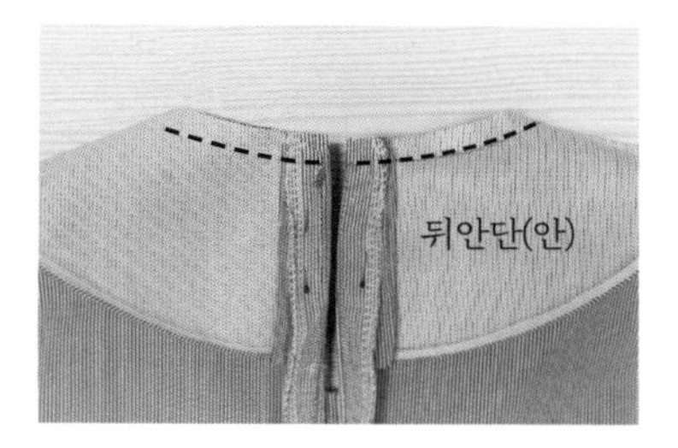

5 뒷중심선 시접분을 몸판 안쪽으로 접어서(과정 4에서 안단이 밖으로 살짝 나오도록 고정하여 접었기 때문에 몸판과 안단의 목둘레 길이가 딱 맞게 재봉된다.) 고정시킨 후, 목둘레를 한 바퀴 재봉한다. 어려우면 동영상을 참고하자.

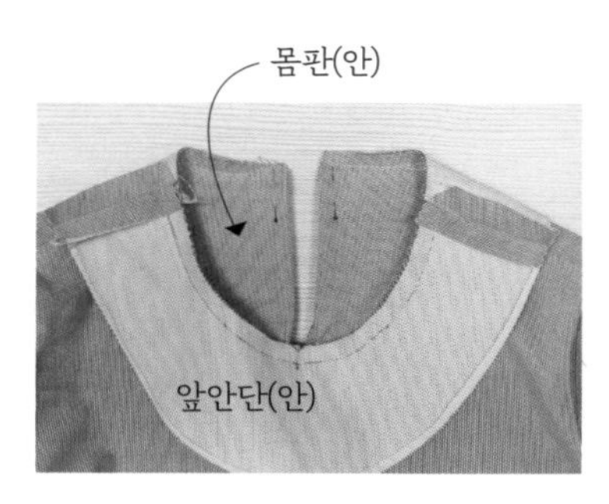

6 5번의 앞모습

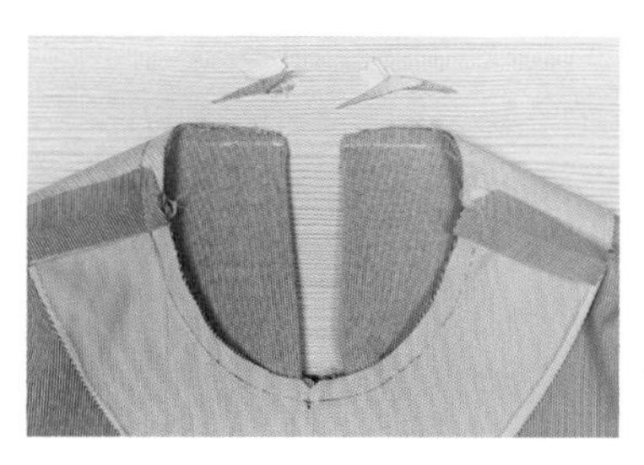

7 모서리 시접을 대각선으로 잘라낸다.

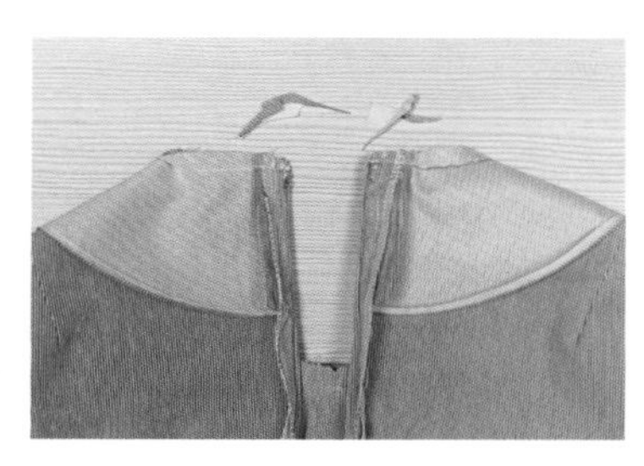

8 7번의 뒷모습

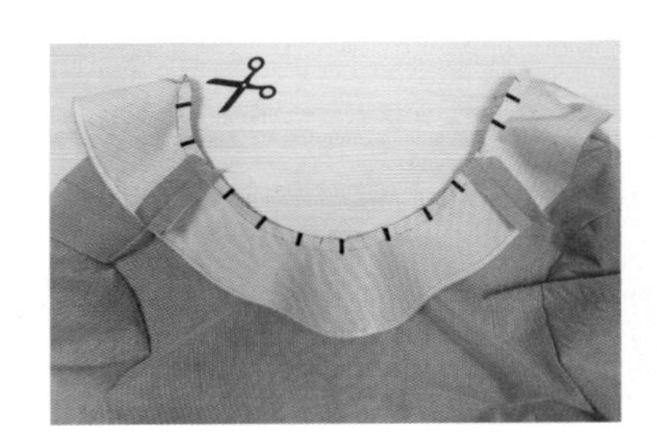

9 목둘레 시접에 가위집을 낸다.

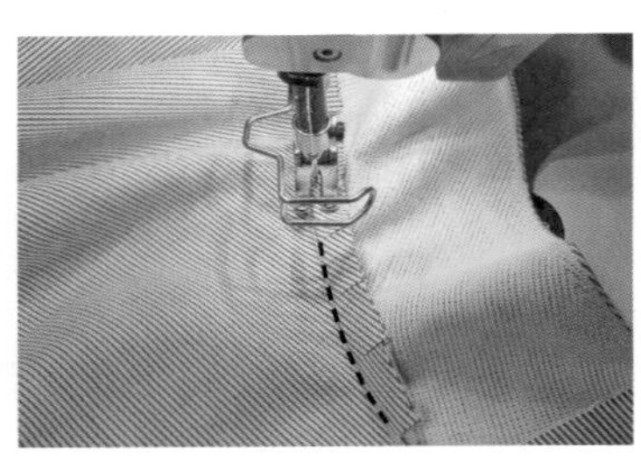

10 시접 2장과 안단을 겹쳐 0.1cm 간격 주고 상침한다.

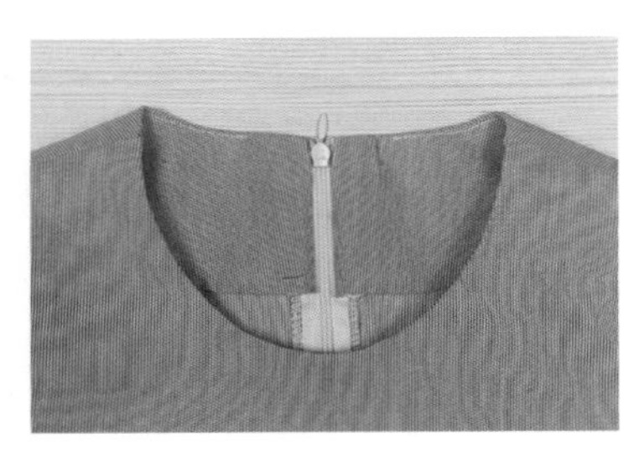

11 안단을 옷 안쪽으로 꺾어 넣고 뒷중심 모서리는 빼서 정돈하며 다려 준다.

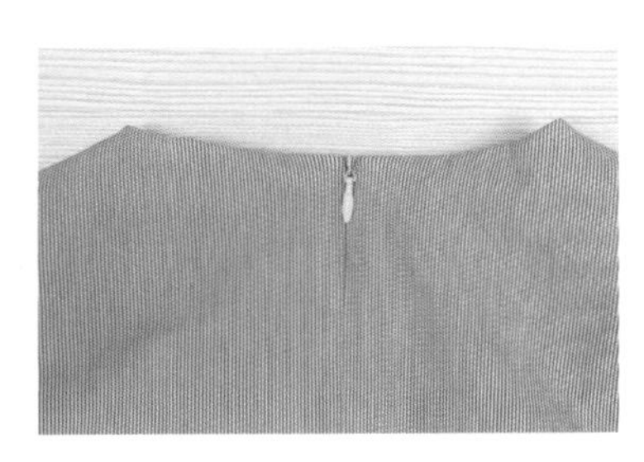

12 완성된 모습

앞트임

앞중심 일부을 절개하여 덧댐 천을 대는 트임으로 여러 가지 방법이 있다. 이 책에서는 간단하면서도 튼튼한 방법 한 가지만 소개한다.

1 앞판 중심에 여밈분만큼의 선을 그린다. 덧댐천을 준비한다.

2 덧댐 천(가로 '여밈분 폭×5+2cm', 세로 '트임 길이+6cm') 안쪽 면에 실크 심지를 붙이고, 여밈분 폭만큼 접어 다린다.

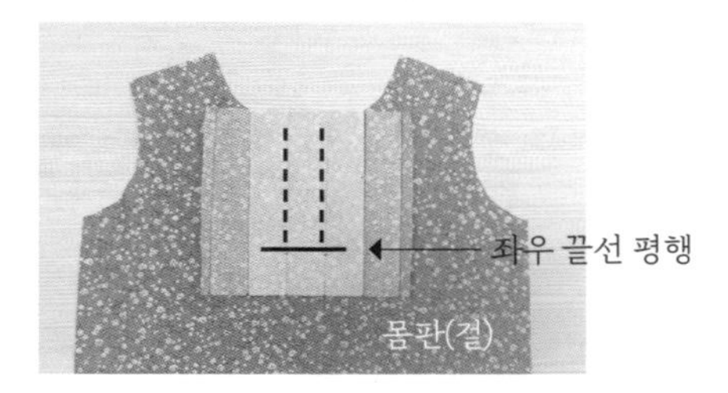

3 몸판 겉면에 덧댐 천을 올려놓고 1에서 그린 세로선을 따라 재봉한다. 좌우 끝선이 평행해야 한다.

4 Y자로 자른다. 좌우 끝선에 최대한 가깝게 잘라야 한다. 사용하는 원단이 힘이 없거나 조직이 성글다면 몸판 안쪽 면에도 심지를 붙이는 것이 좋다.

5 여밈이 두꺼워지는 것이 싫으면 시접을 0.5cm만 남기고 자른다.

6 덧댐 천을 몸판 안쪽 면으로 넘긴다.

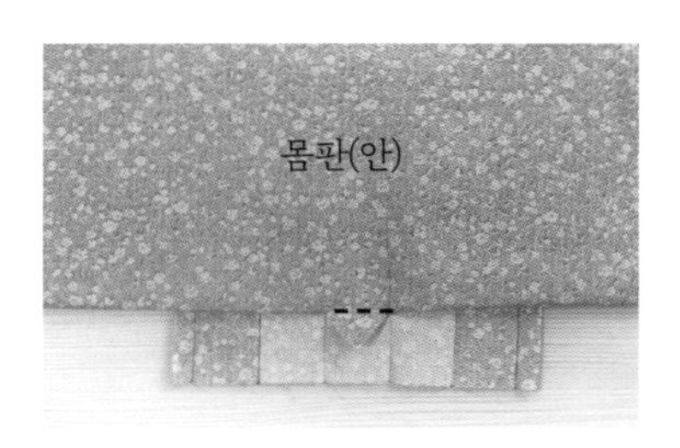

7 Y자로 자를 때 생긴 삼각형 아래에 덧댐 천을 놓고 재봉한다.

8 몸판의 안쪽 면에서, 3의 재봉 후 생긴 시접을 안쪽으로 꺾어 다린다. 덧댐 천을 2에서 다린 선대로 접어 3의 재봉선 위에 올려놓고 재봉한다.

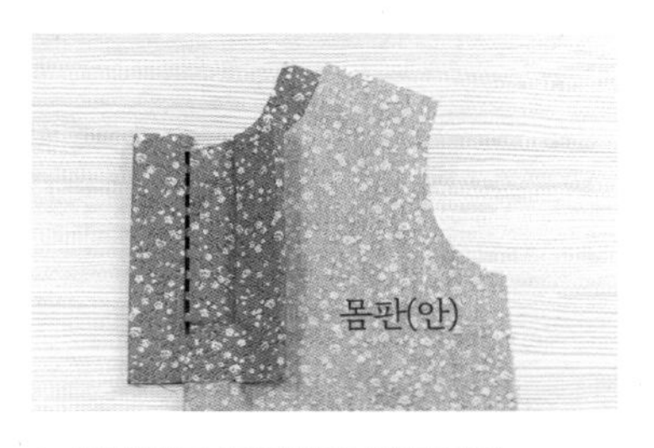

9 반대쪽도 동일하게 반복한다.

10 덧댐 천을 정리한다. 일반적으로 여자 옷은 입었을 때 오른쪽이 위로 오게 한다.

11 접은 덧댐 천과 아래 삼각형을 재봉한다.

12 트임의 아래 시접이 두꺼우므로 필요 없는 밑부분은 잘라낸다.

13 아래 시접을 안쪽으로 접어 지저분한 것을 감싸고 핀으로 고정한다.

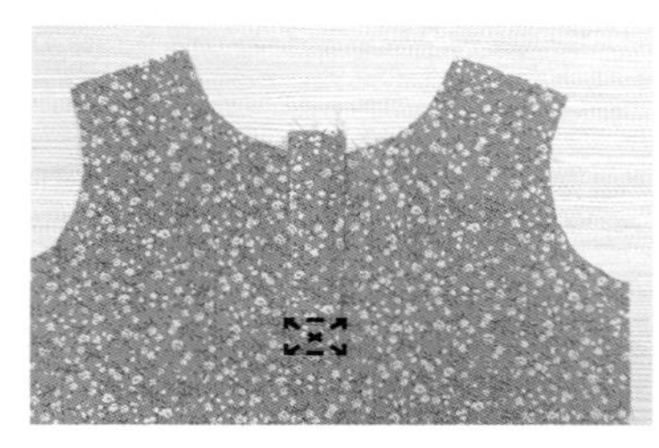

14 몸판 겉면에서 아래 시접 테두리를 재봉한다.

15 윗부분의 튀어나온 시접을 목 둘레에 맞춰 자른다.

16 완성된 모습

17 트임 윗면에 단춧구멍을 뚫고 트임 아랫면에 단추를 달아 준다.

반트임

원피스가 허리선을 절개하여 몸판과 치마를 연결하는 스타일일 때, 앞몸판 전면을 트는 것을 반트임이라고 한다. 앞몸판을 두 장으로 재단하고 여밈분을 주어 입었을 때 기준으로 오른쪽에는 단추를 달고, 왼쪽에는 단춧구멍을 뚫는다.

적용 사례 99p '헨리넥 민소매 원피스' 참고

전면 다 트임

앞중심선을 전부 튼다. 앞몸판을 두 장으로 재단하고 여밈분을 주어 입었을 때 기준으로 오른쪽에는 단추를 달고, 왼쪽에는 단춧구멍을 뚫는다. 단추를 전부 오픈하여 아우터로 입을 수도 있다.

적용 사례 135p '루즈핏 롱셔츠 원피스' 참고

헨리넥

라운드 모양의 목둘레에 얕은 스탠드칼라를 덧대고 단추로 채운다.

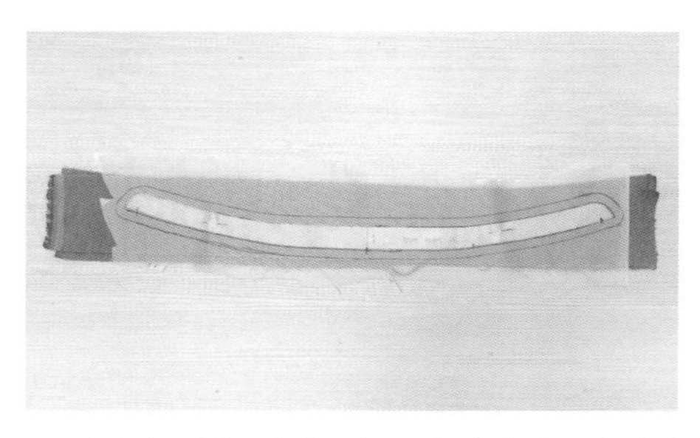

1 칼라감 2장을 패턴보다 크게 잘라 안쪽면 심지를 붙인다. (원단 두께 및 개인 취향에 따라 2장 다 붙이거나 한쪽에만 붙인다.)

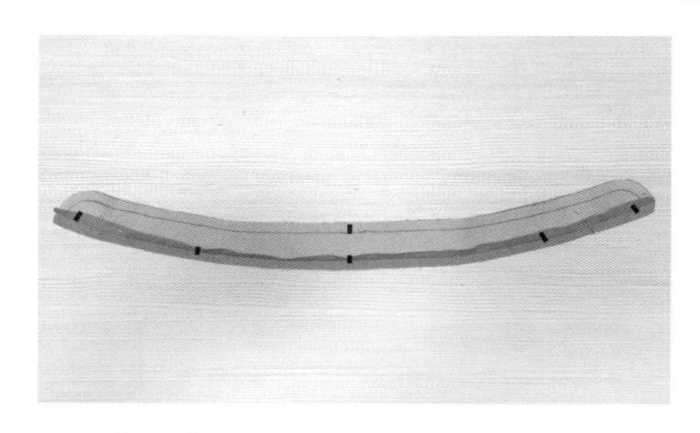

2 패턴을 대고 완성선과 시접선을 그려 2장 정재단한다. 너치점을 표시하고 1장만 아래 시접 1cm를 접어 다린다.

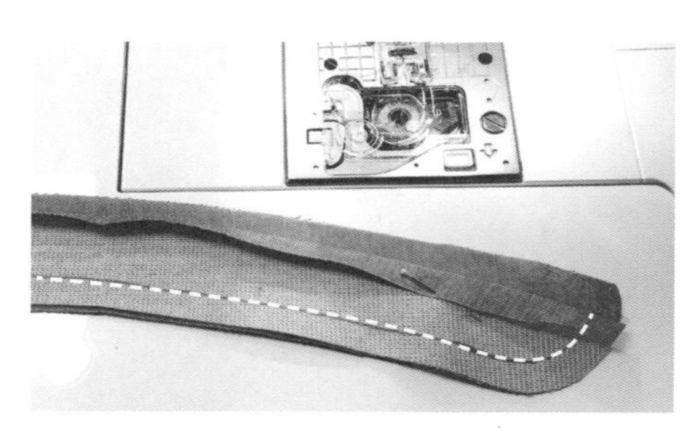

3 2장을 겉끼리 맞대고 칼라 윗부분을 재봉한다. (2에서 접은 시접을 그대로 밟고 지나간다.)

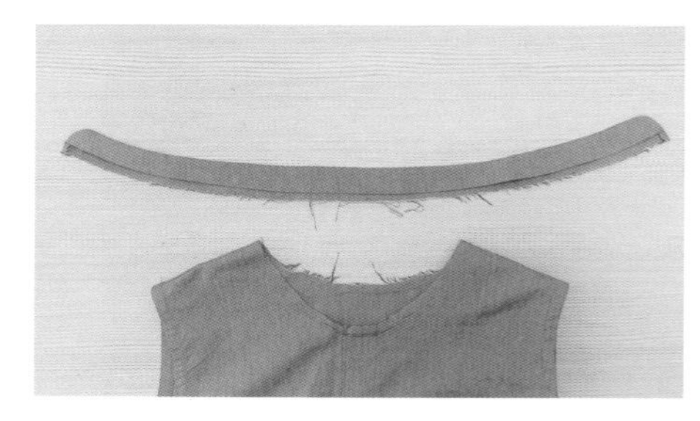

4 칼라 윗부분 시접만 짧게 자르고 뒤집어 다린다.

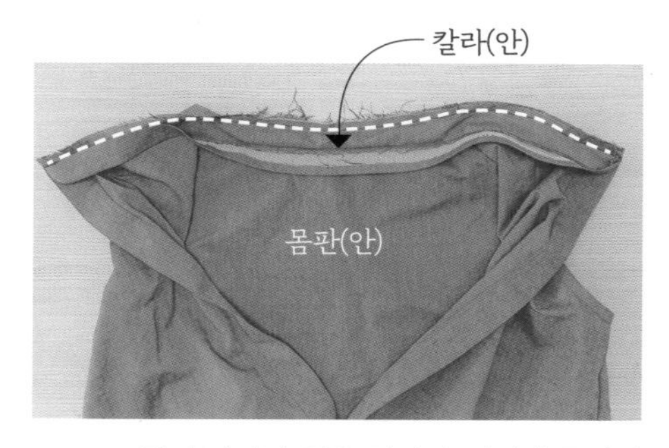

5 1cm 접어 다리지 않은 칼라의 겉면과 몸판의 안쪽 면을 맞댄다. 옆목점, 뒷중심을 맞춰 핀으로 고정하고 목둘레를 따라 재봉한다.

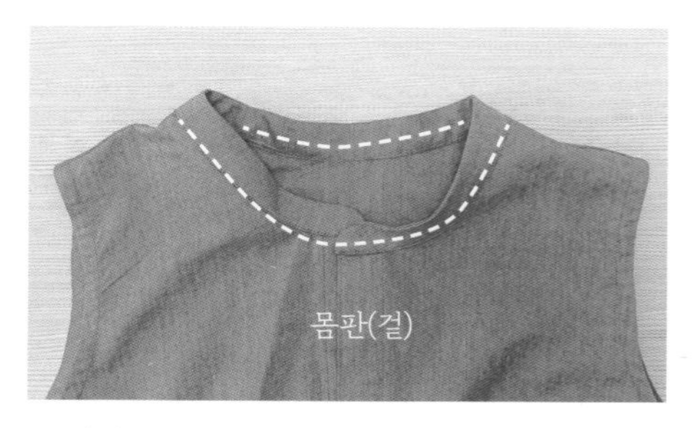

6 겉면 쪽으로 칼라를 꺾어 뒤집으면 1cm 접어 다린 칼라가 겉면에 놓인다. 그대로 상침한다.

목둘레에서 세워 접는 칼라로, 아래 칼라(밴드)와 위 칼라로 나누어 재단하고 둘을 재봉으로 이으면 목 쪽에 더 잘 붙는다.

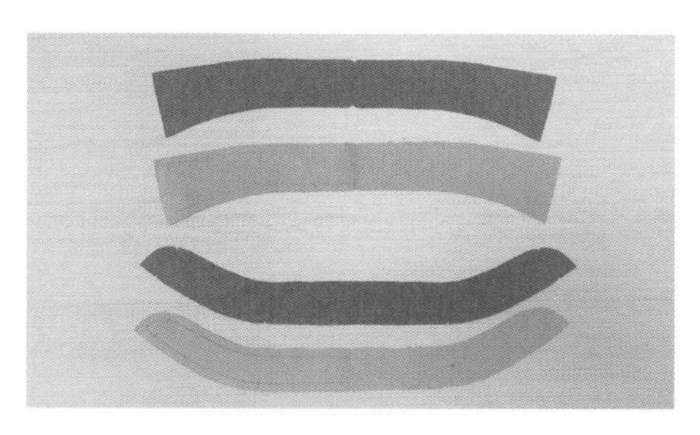

1 원단 안쪽면 심지를 붙이고 정재단한다. (34p '심지 붙이기' 참고) 원단 두께에 따라 2장 다 붙이거나, 한쪽에만 붙인다.

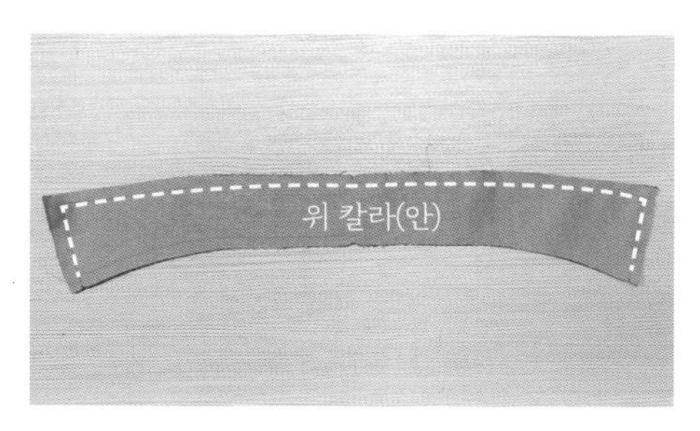

2 위 칼라 2장을 겉끼리 맞대어 아래쪽을 제외하고 재봉한다.

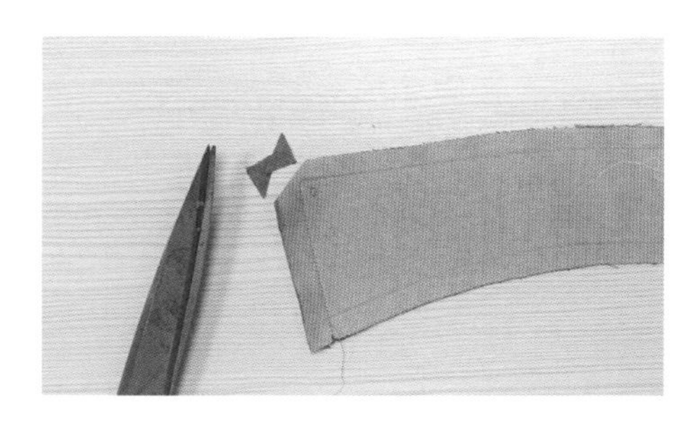

3 모서리 시접을 자르고 뒤집는다.

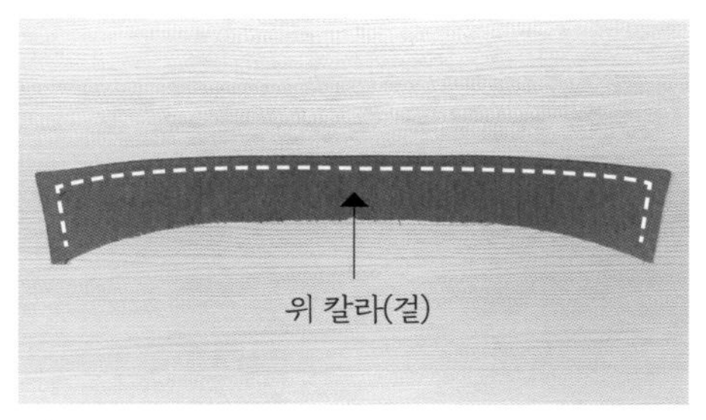

4 잘 다린 뒤 테두리를 시접 0.5cm로 상침한다.

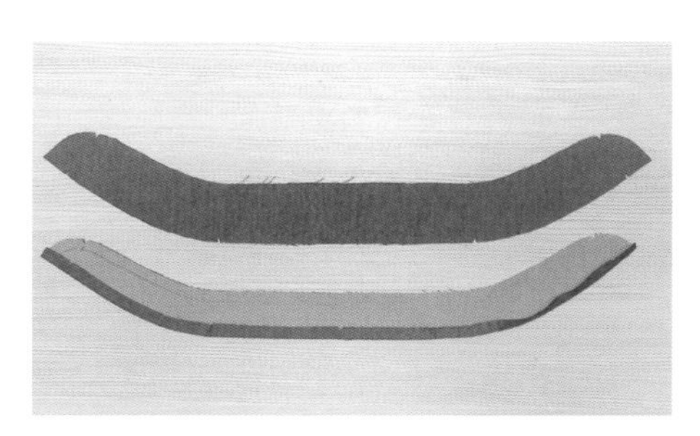

5 아래 칼라는 1장만 시접 1cm를 안쪽으로 접어 다린다.

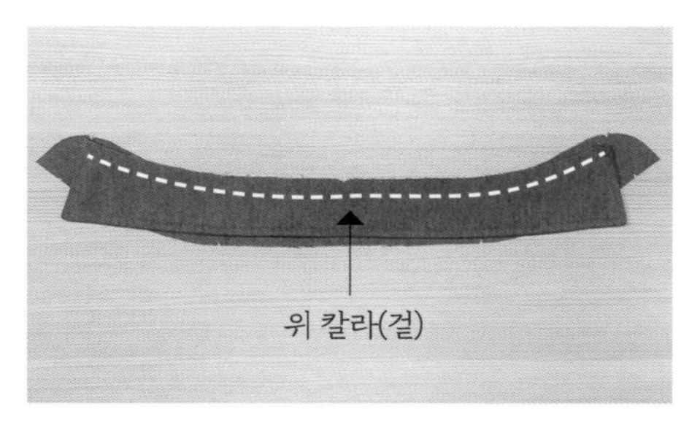

6 아래 칼라 1장 위에 위 칼라를 올려놓고 임시 고정을 위해 시접 0.7cm로 재봉한다.

7 6 위에 나머지 아래 칼라 1장을 겉끼리 맞닿게 올려놓고 재봉한다. 5에서 접어 둔 대로 밟고 지나간다.

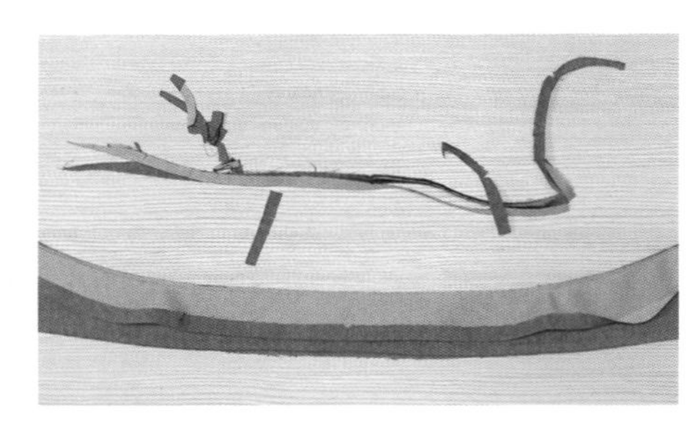

8 시접을 0.2~0.3cm 남기고 자른다.

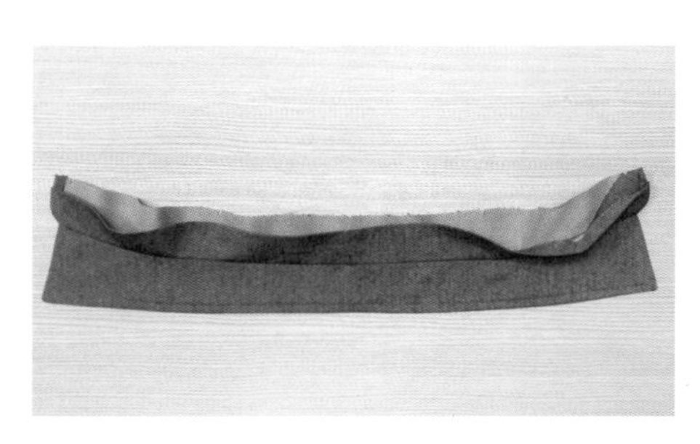

9 아래 칼라 2장을 위로 접고 다린다.

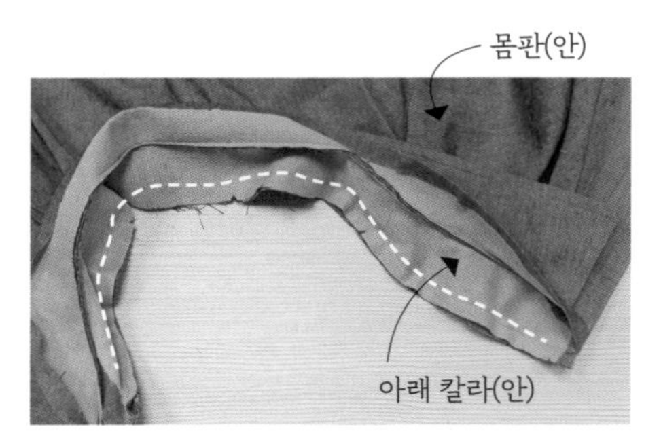

10 몸판 안쪽 면과 1cm 접어 다리지 않은 아래 칼라 겉면을 맞대고 목둘레를 따라 재봉한다. 옆목점, 뒷중심을 맞춰 핀으로 고정하면 편리하다.

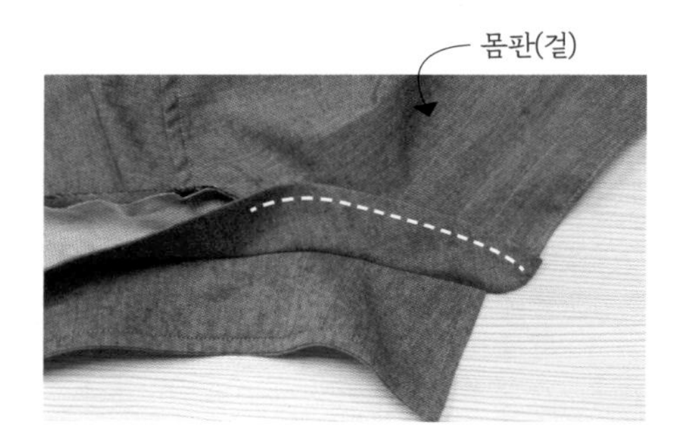

11 몸판 겉면 쪽으로 칼라를 꺾으면 1cm 접어 다린 아래 칼라가 겉면 위에 놓인다. 그대로 상침한다.

- 아래 칼라(밴드)만 붙이면 헨리넥이 된다.
- 위 칼라 끝을 둥글게 그리면 둥근 셔츠칼라가 되는데, 귀여운 플랫칼라 느낌이 난다.

Lesson 5

밑단 마감

스커트나 소매의 밑단 시접은 원단의 두께나 비침, 부드러움에 따라 적절한 방법으로 마감한다.

한 번 접어 상침

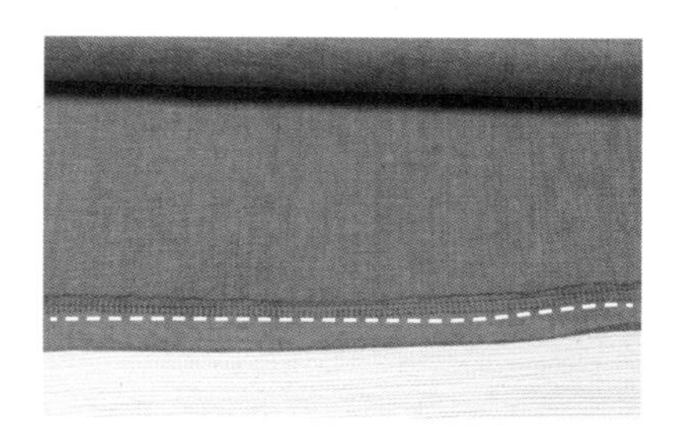

오버로크 후 한 번 접어 다리고 상침한다. 오버로크 기계가 있고, 원단이 두껍거나 간단히 마감할 때 사용한다.

두 번 접어 상침

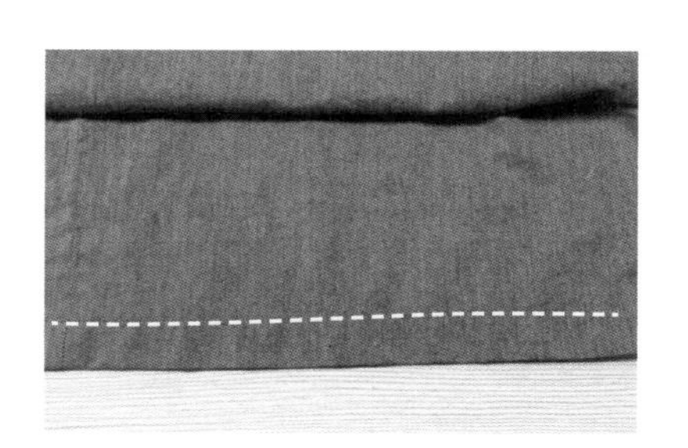

두 번 접어 다리고 상침한다. 안과 밖 마감이 모두 깔끔하며 비교적 얇은 원단에 적합하다.

겉에서 바늘땀이 보이지 않도록 하기 위해 감침질 또는 새발뜨기를 하기도 한다.
이 책에선 사용하지 않는다.

말아박기

얇은 원단을 사용하거나 시접을 짧게 주고 싶을 때 말아박기를 한다. 밑단의 곡률이 클 때는 말아박기가 좋다.

방법 1 말아박기 노루발 이용

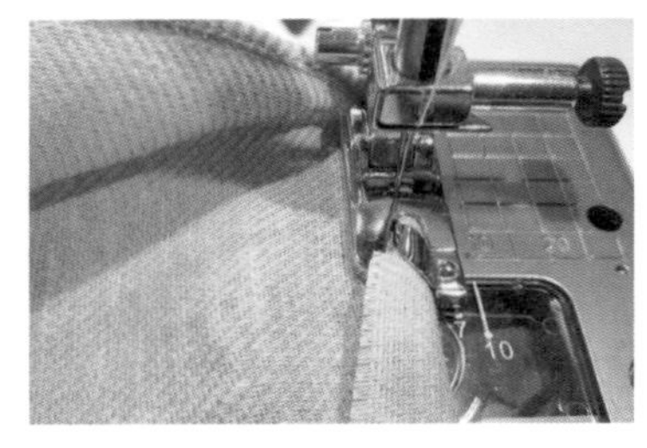

말아박기
<방법 1, 2> 동영상

방법 2 허리 심지(오비싱) 이용: 말아박기를 쉽고 예쁘게 완성할 수 있다.

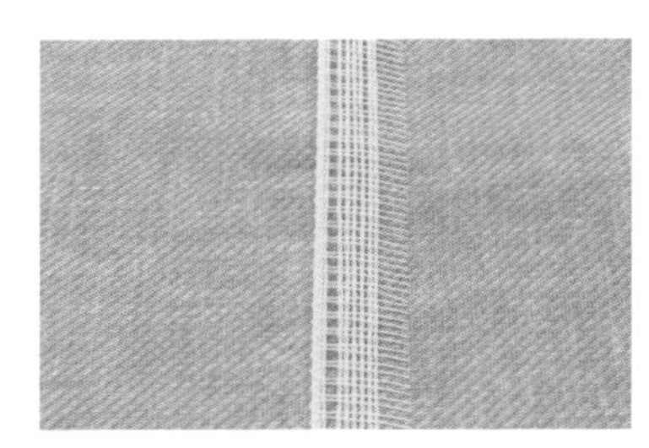

1 허리 심지를 세로로 반 자르고 살을 몇 가닥 뜯어서 준비한다.

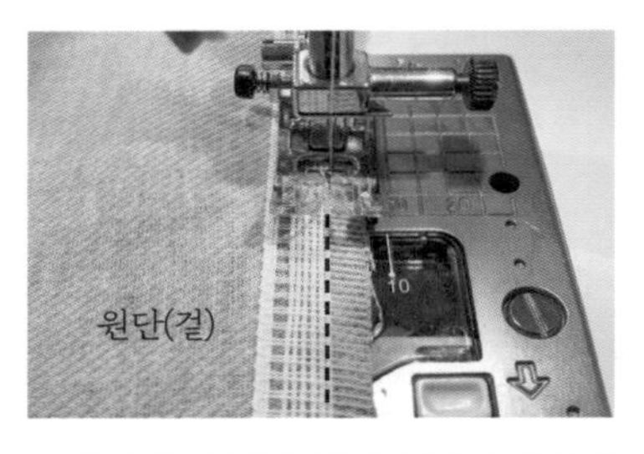

2 밑단의 겉면에 허리 심지를 사진과 같이 대고 시접 0.5cm 주고 재봉한다.

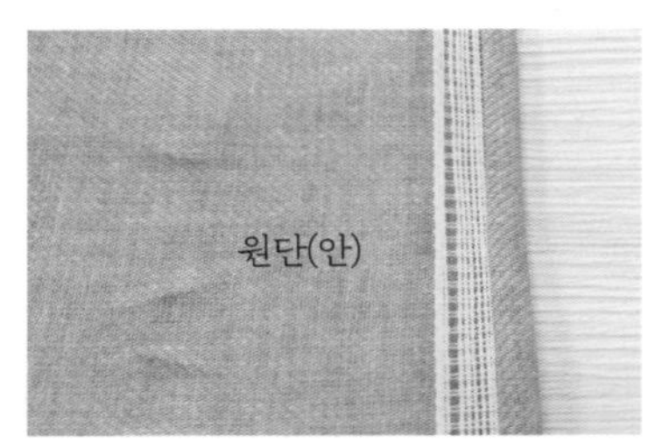

3 허리 심지를 안쪽 면을 향해 두 번 접으면 밑단의 안쪽으로 두 번 얇게 접힌다.

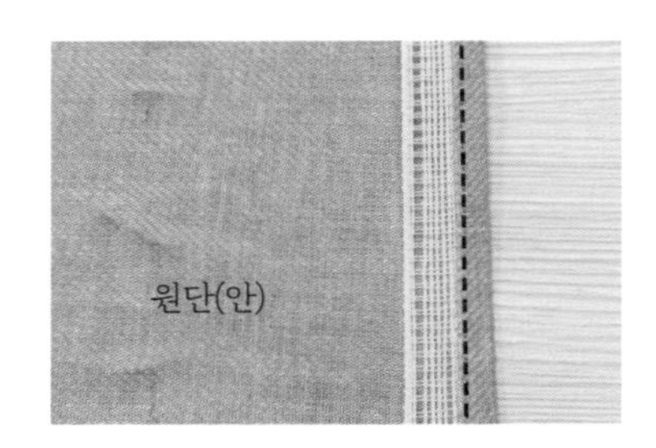

4 시접 0.1cm 주고 상침한다.

5 허리 심지를 뜯어낸다.

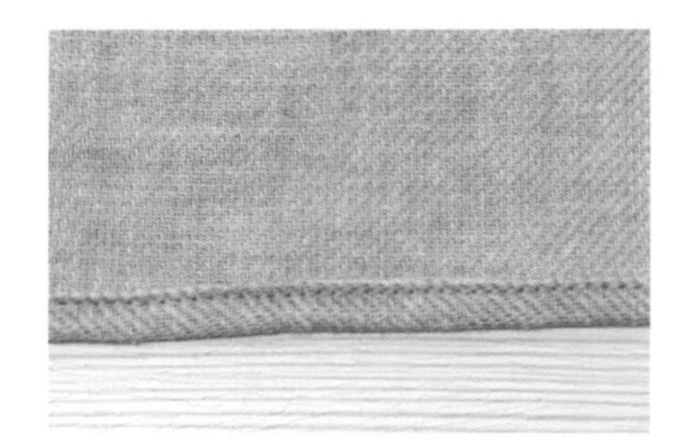

6 잘 다린다.

방법 3 재봉선을 기준 삼아 얇게 접어 박기: 말아박기와 비슷한 효과를 낼 수 있다.

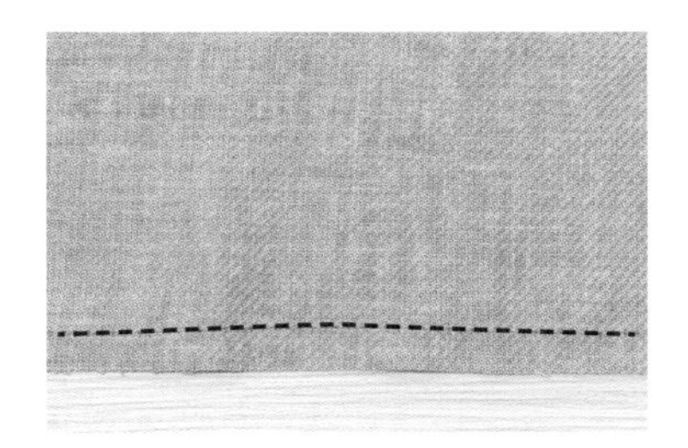

1 밑단을 접지 않고 시접 0.5cm로 상침한다.

2 1에서 상침한 재봉선 덕분에 0.5cm 간격으로도 쉽게 접어 다릴 수 있다. 상침선만큼 두 번 접어 다린다.

3 시접 0.1cm 주고 상침한다.

이 방법으로 스커트 시접을 접어 박으면
시접이 울지 않아 예쁘게 재봉할 수 있다.

방법 4 옆트임을 주며 밑단 마감

1 옆선 시접을 가름솔로 갈라 다린다.

2 밑단 시접을 2cm씩 두 번 접어 다린다.

3 밑단과 트임을 ㄷ자로 재봉한다. 트임 부분 옆선 시접을 안쪽으로 접어 넣으면 더 깔끔해진다.

4 완성된 모습

Lesson 6

기타 봉제법

솔기 처리법

두 원단을 이은 솔기 부분을 처리하는 방법은 크게 4가지가 있다.

방법 1 가름솔

솔기를 중심으로 시접을 양쪽으로 갈라 다린다. 두꺼운 원단에 적합하고 간단하여 가장 많이 쓰인다.

1 각각 오버로크한다.

2 겉끼리 맞대고 완성선을 따라 재봉한다.

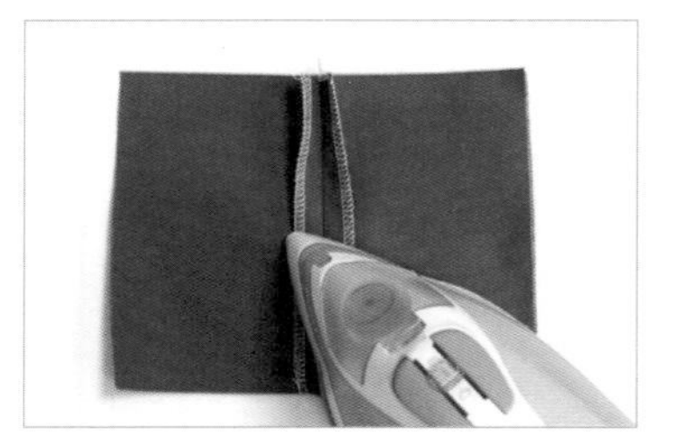

3 시접을 갈라 다린다.

방법 2 뉨솔

두 장의 시접을 동시에 오버로크하고 한쪽으로 뉘어 상침한다.

1 겉끼리 맞대고 완성선을 따라 재봉한다.

2 시접 두 장을 겹쳐 오버로크한다.

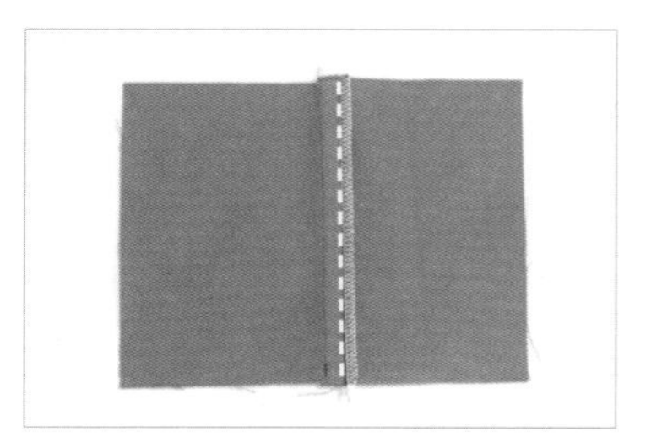

3 한쪽으로 뉘어 시접 1cm 주고 재봉한다.

방법 3 통솔

원단 두 장의 안쪽 면을 맞대어 박은 후, 뒤집어 다시 박는 방법이다. 얇은 천이나 올이 풀리기 쉬운 원단에 주로 사용하며 오버로크가 없을 때도 유용하다.

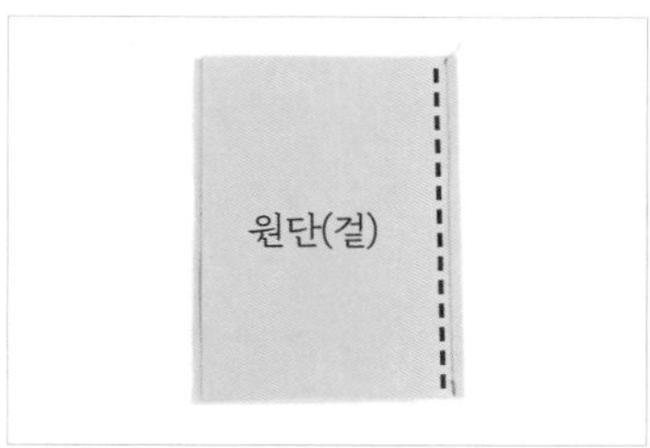

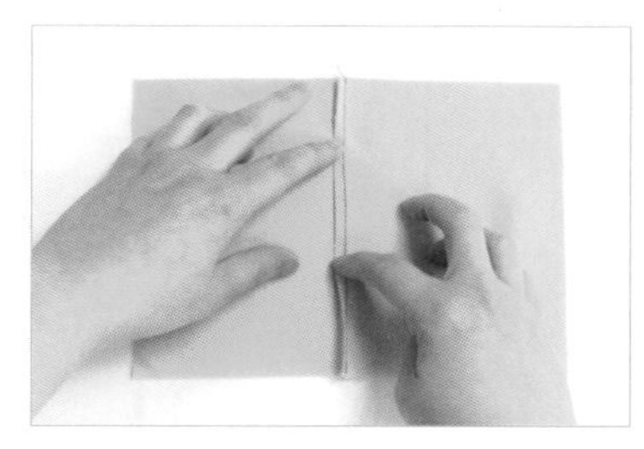

1 안쪽 면끼리 맞대고 시접 0.5cm로 재봉한다.

2 솔기를 펼친다.

3 반대쪽으로 접어 겉끼리 맞대고 완성선을 따라 재봉한다.

방법 4 쌈솔

시접을 한쪽으로 뉘고, 한쪽 시접을 반 이상 잘라 다른 시접으로 감싸서 상침한다. 튼튼하게 만들거나 장식 효과를 위해 사용한다.

1 겉끼리 맞대고 완성선을 따라 재봉한다.

2 한쪽 시접을 0.5cm만 남기고 자른다.

3 잘라서 짧아진 시접을 긴 시접으로 감싼다. 다림질하면 작업이 더 편하다.

4 감싼 시접 위에서 0.1~0.2cm의 간격을 주고 상침한다.

허리끈 만들기

제 원단으로 긴 끈을 만들어 벨트로 사용할 수 있다. 사이즈는 폭 '원하는 폭×4', 길이 '원하는 길이+2cm'로 재단한다.

1 4겹이 되도록 안쪽으로 접어 다리고, 양쪽 끝도 안쪽으로 1cm 접어 다린다.

2 가로로 한 번 접는다.

3 세로로 1cm 접는다.

4 다시 가로로 한 번 접는다.

5 가로로 한 번 더 접되, 가장자리의 올 풀린 부분이 보이지 않도록 안쪽으로 접어 넣는다.

6 상침하여 완성한다.

TIP

몸판에 실루프로 고리를 만들어 허리끈을 끼운다.

바이어스 만들기

바이어스는 목둘레, 진동둘레를 감쌀 때 주로 사용하며, 바이어스로 장식용 프릴을 만들기도 한다.

1 원단을 바이어스 방향으로 길게 자른다. 보통 목둘레용 바이어스는 폭 4cm, 인바이어스는 폭 3cm, 장식용 프릴감은 폭 2~3cm로 한다.

2 수직으로 겉끼리 맞대어 재봉한다.

3 튀어나오는 시접은 잘라 내고 나머지 시접은 가름솔 처리 한다. 필요한 만큼 길게 만들어 사용한다.

천루프(단추 고리) 만들기

제 원단으로 가늘고 긴 원통을 만들어 단추 고리로 사용할 수도 있다.

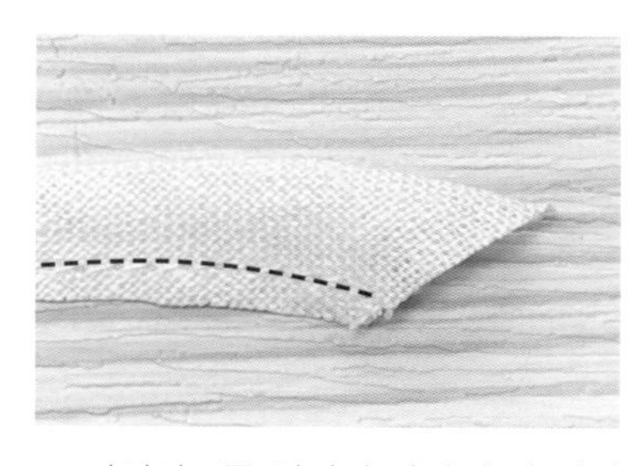

1 바이어스를 겉면이 맞닿게 반 접어 0.5cm 간격으로 재봉한다. 마지막 부분은 조금 넓게 하여 입구 구멍이 커지도록 재봉한다. 시접은 0.2~0.3cm쯤 짧게 남기고 자른다.

2 걸이 뒤집개를 준비한다. (돗바늘을 사용할 수도 있다.)

3 뒤집개를 안쪽으로 넣어서 구멍이 큰 부분의 원단 일부를 걸어 준다.

4 뒤집개를 살살 당겨 3에서 걸린 원단이 안쪽으로 말려 들어가게 한다.

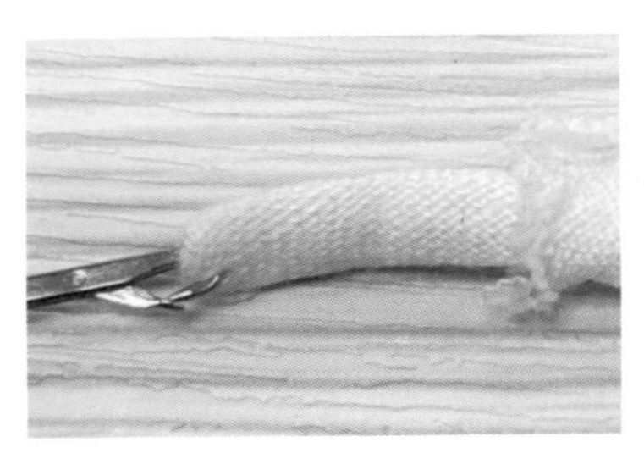

5 끝까지 당겨서 천루프를 밖으로 뺀다.

6 천루프를 사용해서 단추 고리를 만든 모습

단춧구멍 만들기

재봉틀 사양이 높다면 재봉틀로 예쁜 단춧구멍을 만들 수 있으며, 손바느질로 만드는 방법도 있다. 오른쪽 QR 코드 속 동영상을 참고해 원하는 단춧구멍을 만들어 보자.

단춧구멍(재봉틀)

단춧구멍(손바느질)

단추 달기

오른쪽 QR 코드 속 동영상을 참고하여 단추를 단다.

옷 만들기

머메이드 원피스

LESSON

01

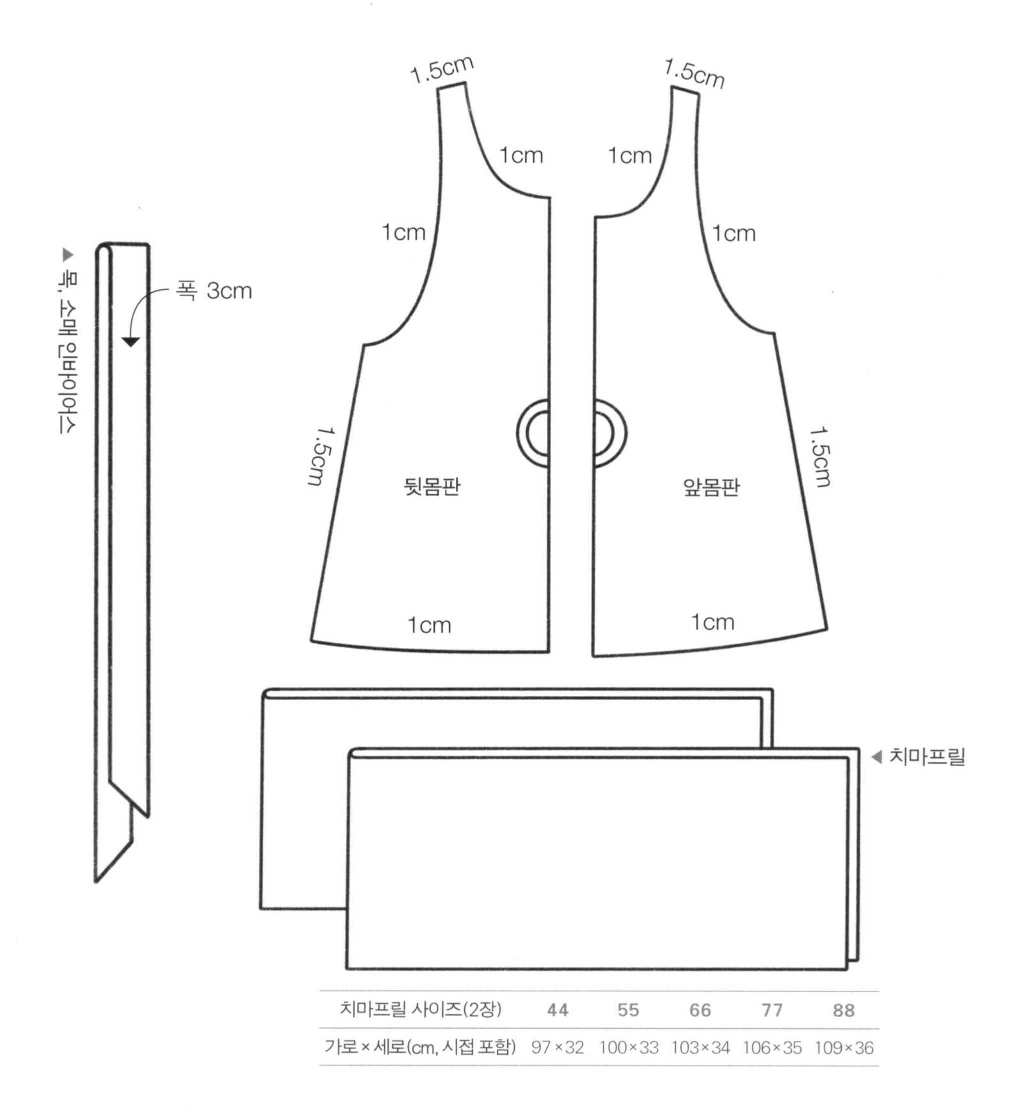

치마프릴 사이즈(2장)	44	55	66	77	88
가로 × 세로(cm, 시접 포함)	97×32	100×33	103×34	106×35	109×36

난이도	★★			
실물 패턴	A면			
준비물	원단 대폭 2마			
사이즈	머메이드 원피스	총장	가슴	어깨
	44	109	92	29
	55	111	96	30.5
	66	113	100	32
	77	115	104	33.5
	88	117	108	35

알아야 할 팁

몸판 _ 주름 43p
숨은 주머니 44p(생략 가능)

목둘레 _ 인바이어스 64p

밑단 마감 79p

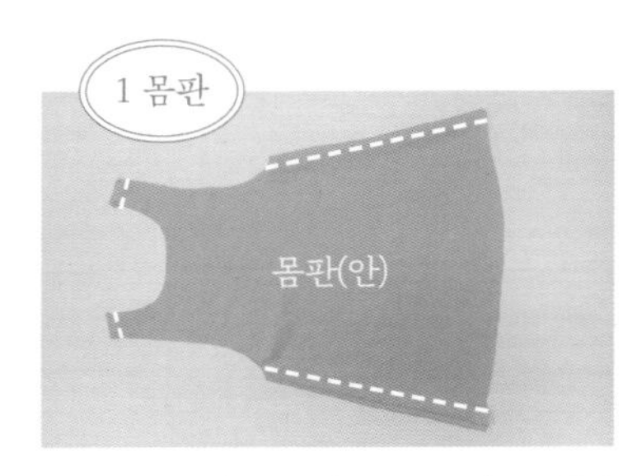

1 숨은 주머니를 달고(44p 참고, 생략 가능) 몸판을 겉끼리 맞대어 어깨선과 옆선을 재봉한 후 오버로크한다.

2 치마프릴 앞판과 뒤판을 겉끼리 맞대어 옆선을 재봉하고 오버로크한다.

3 치마프릴 위쪽에 주름을 잡는다. (43p 참고)

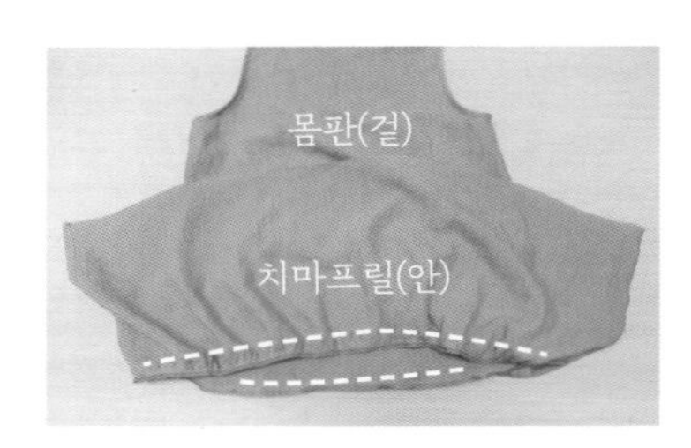

4 치마프릴 안에 몸판을 넣어 겉끼리 맞댄다. 주름을 균일하게 배분하면서 몸판 밑단과 재봉하고 오버로크한다.

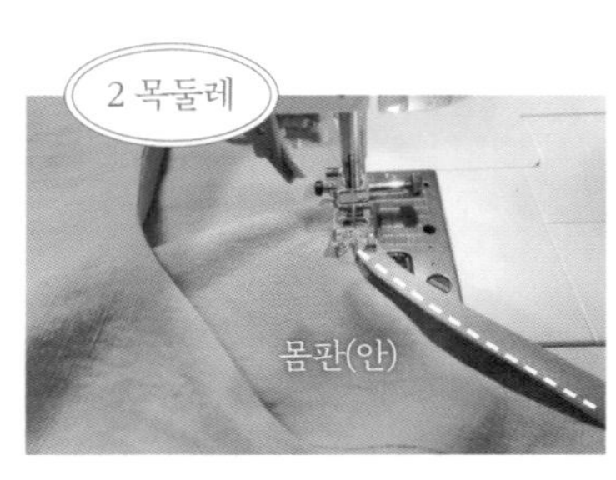

목둘레, 진동둘레를 인바이어스로 마감한다. (64p 참고)

1.5cm씩 두 번 접어 상침하거나 원하는 방법으로 마감한다. (79p 참고)

뷔스티에 원피스

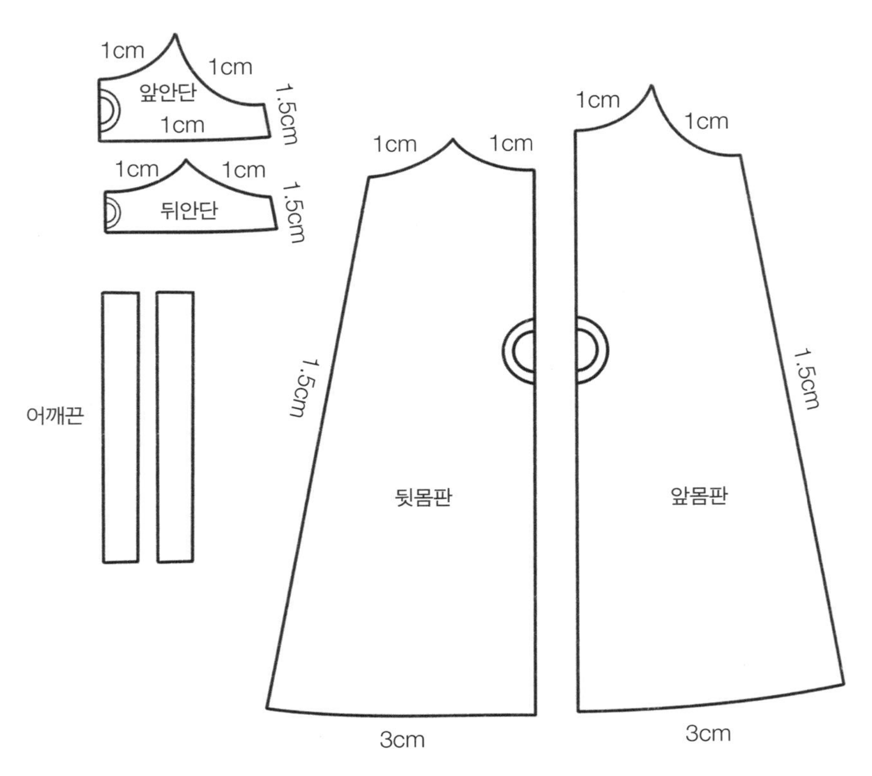

난이도	★★
실물 패턴	A면
알아야 할 팁	밑단 마감 79p
	솔기 처리법 _ 가름솔 82p

준비물	원단 대폭 2마		
사이즈	뷔스티에 원피스	총장	가슴
	44	108	92
	55	109	96
	66	110	100
	77	111	104
	88	112	108

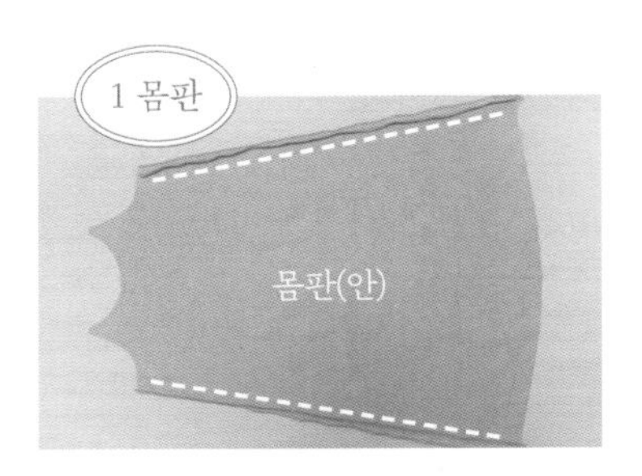

앞판과 뒤판의 옆선을 각각 오버로크한 후, 겉끼리 맞대어 옆선을 재봉한다. 시접은 가름솔 처리 한다. (82p 참고)

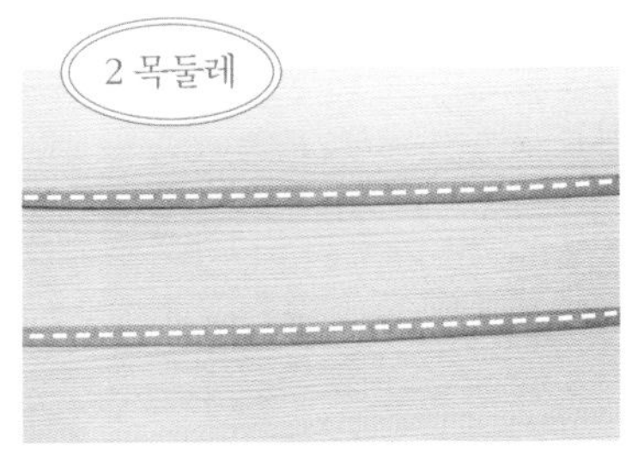

1 끈을 4겹으로 모아 접고 상침한다.

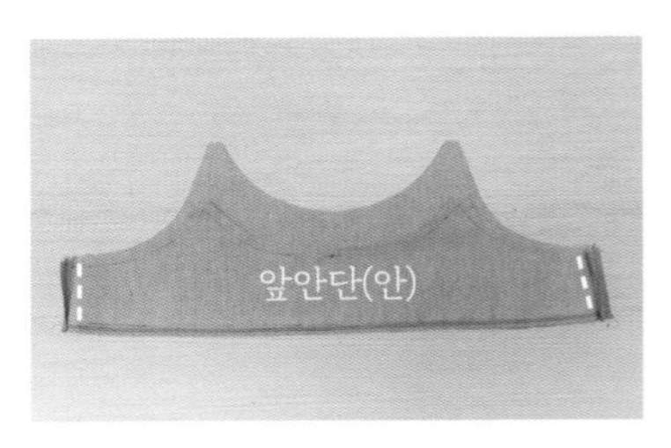

2 앞안단과 뒤안단의 옆선과 밑면을 각각 오버로크하고, 겉끼리 맞대어 옆선을 재봉한다. 시접은 가름솔 처리 한다.

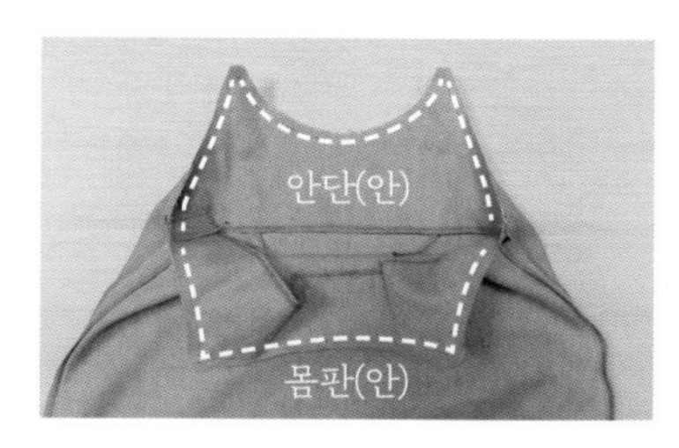

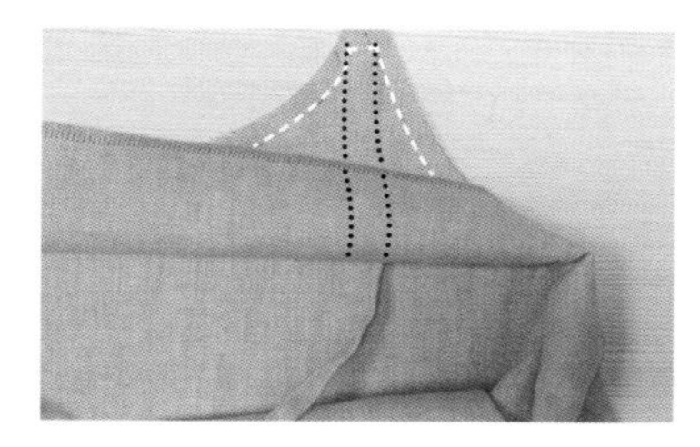

3 몸판 안에 안단을 넣어 겉끼리 맞대고 한 바퀴 재봉한다. 이 과정에서 끈을 끼워 같이 재봉한다.

4 시접에 가위집을 낸다.

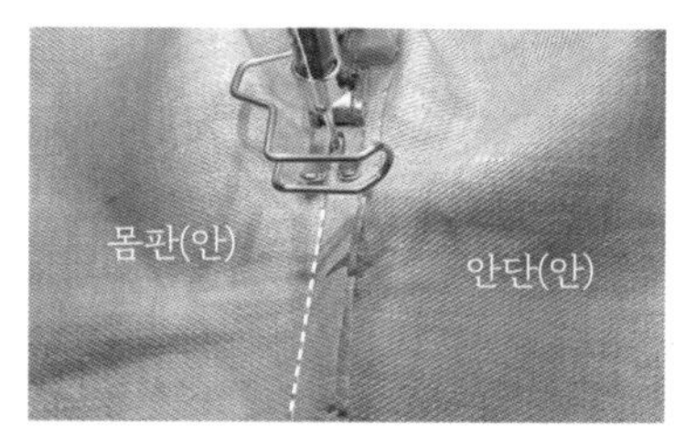

5 안단 쪽으로 시접을 접어서 3겹을 상침한다. 3에서 재봉한 솔기선에서 0.1cm만 들어가서 재봉한다.

6 안단을 안쪽으로 꺾어 넣고 다림질한다.

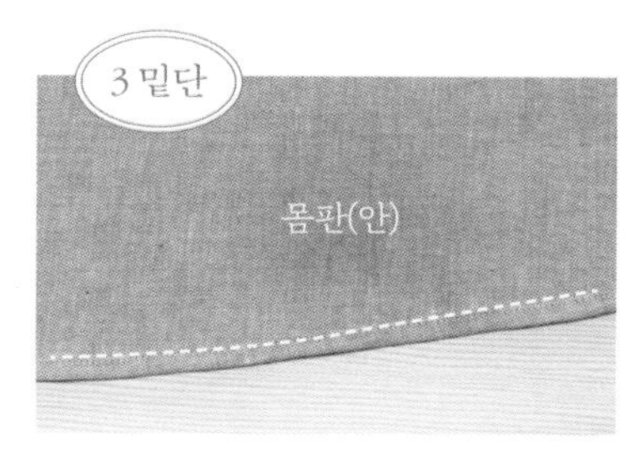

1.5cm씩 두 번 접어 상침하거나 원하는 방법으로 마감한다. (79p 참고)

- 과정 5는 안단이 안쪽으로 잘 꺾여 들어가 뜨지 않게 하기 위한 과정이다. 시접 2장과 안단을 겹쳐서 상침하면 과정 3에서 재봉한 솔기가 반대쪽으로 잘 꺾여 넘어간다. 가방 만들 때도 자주 활용되는 기법이다.
- 뷔스티에 원피스에 머메이드 원피스의 치마프릴을 조합할 수도 있다. 뷔스티에 원피스의 기장을 짧게 재단하고, 프릴을 만들어 연결하면 된다.

원피스
민소매 요크

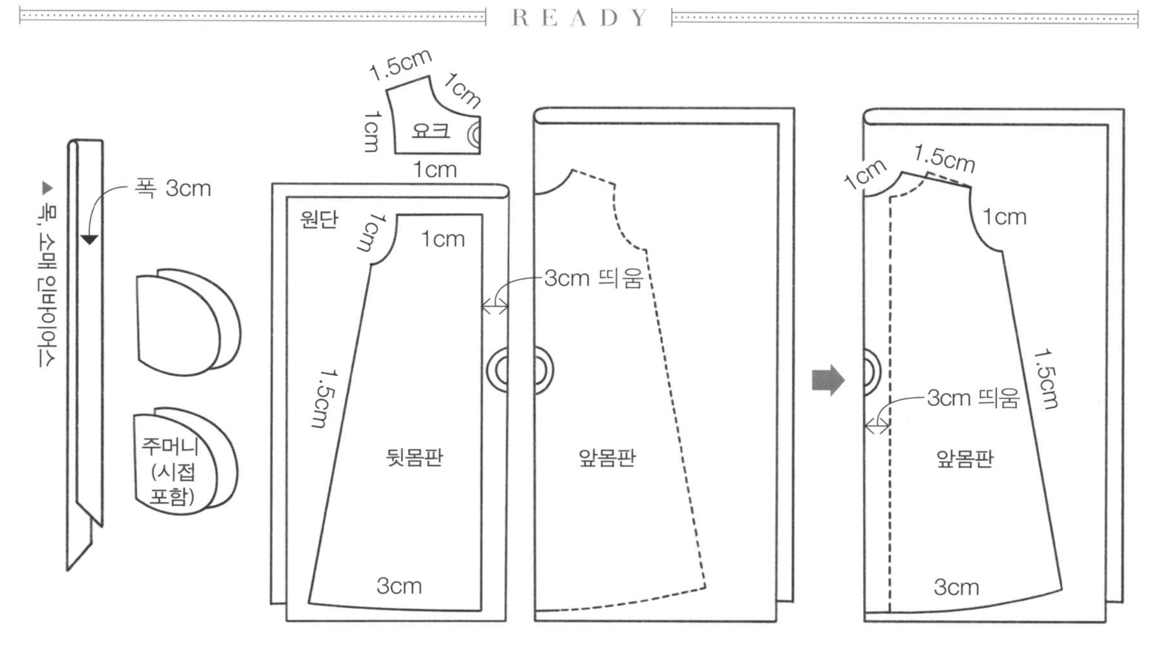

원단을 반 접어 패턴을 놓고 목둘레와 밑단 일부를 그린 다음, 패턴을 3cm 평행이동하여 나머지 선을 그린다.

난이도	★★☆
실물 패턴	D면
준비물	원단 대폭 2마

사이즈

민소매 요크 원피스	총장	가슴	어깨
44	103	104	33.5
55	104	108	35
66	105	112	36.5
77	106	116	38
88	107	120	39.5

알아야 할 팁

몸판 _ 요크 40p
숨은 주머니 44p(생략 가능)

소매, 목둘레 _ 인바이어스 64p

밑단 마감 79p

허리끈 만들기(실루프) 84p

바이어스 만들기 85p

1 몸판

1 앞몸판과 뒷몸판 위쪽을 큰 땀으로 재봉하고 실을 잡아당겨 주름을 만든다.

2 뒷몸판과 요크를 겉끼리 맞대어 재봉하고 오버로크한다. (40p 참고)

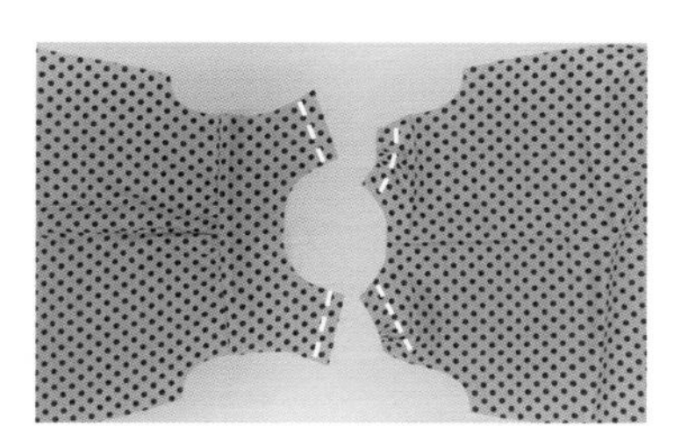

3 2와 앞몸판의 어깨선을 겉끼리 맞대어 재봉하고 오버로크한다.

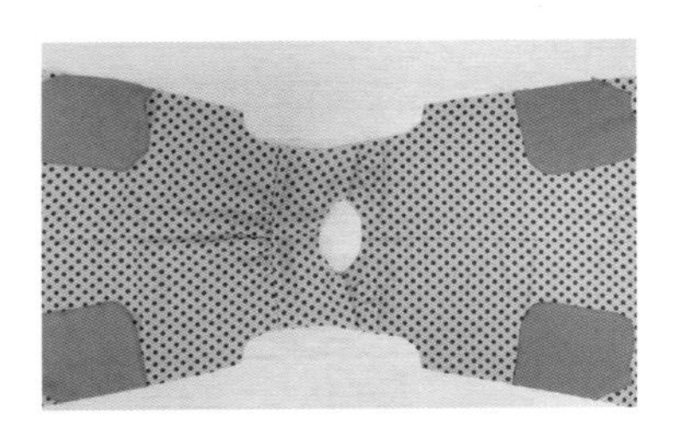

4 숨은 주머니를 만들고(44p 참고, 생략 가능) 옆선을 오버로크한다.

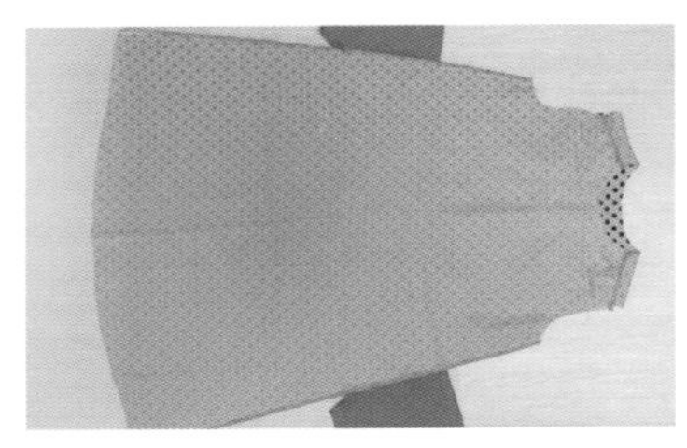

5 앞몸판과 뒷몸판을 겉끼리 맞대고 옆선을 재봉한다.

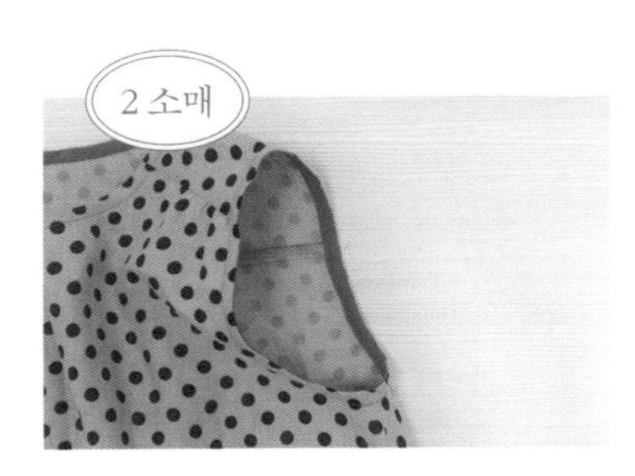

진동둘레를 인바이어스로 마감한다. (64p, 85p 참고)

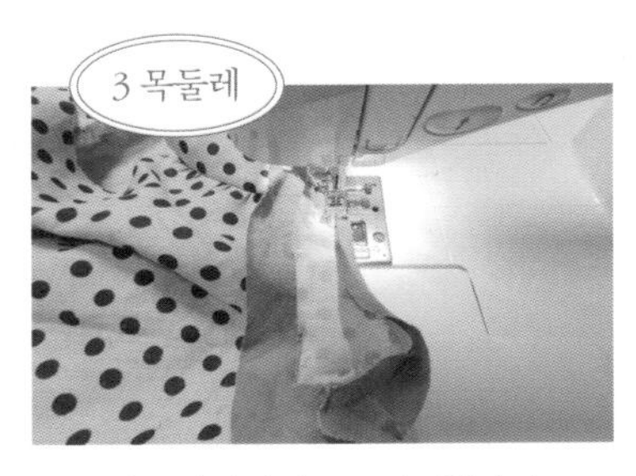

목둘레를 인바이어스로 마감한다. (64p, 85p 참고)

두 번 접어 상침하거나, 원하는 방법으로 마감한다. (79p 참고)

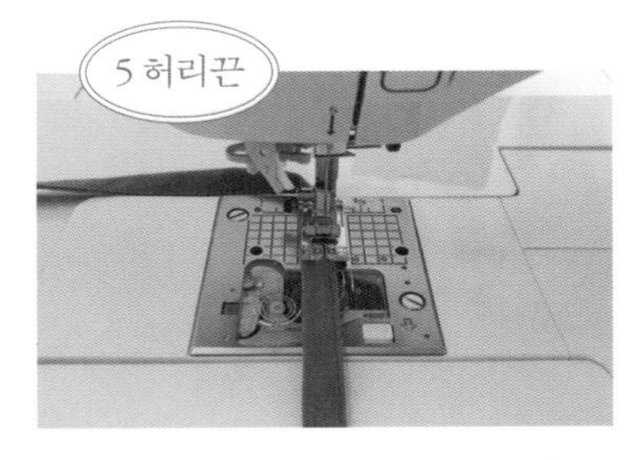

1 제 원단으로 끈을 만든다. (84p 참고)

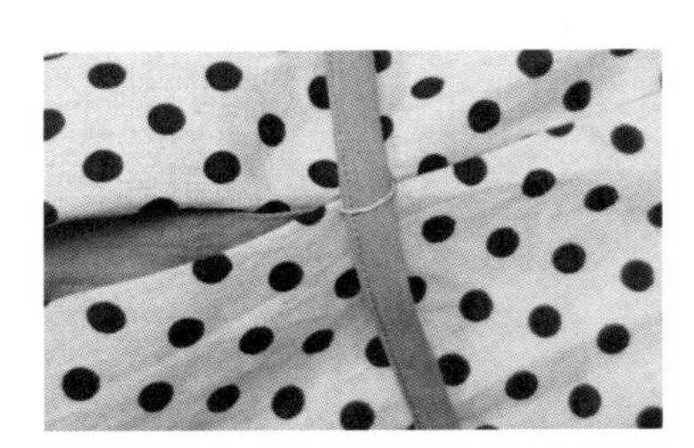

2 실루프로 벨트 고리를 만든다. (84p 참고)

TIP | 허리끈은 원단을 4x200cm로 재단하여 만든다.

원피스
헨리넥 민소매

LESSON

4

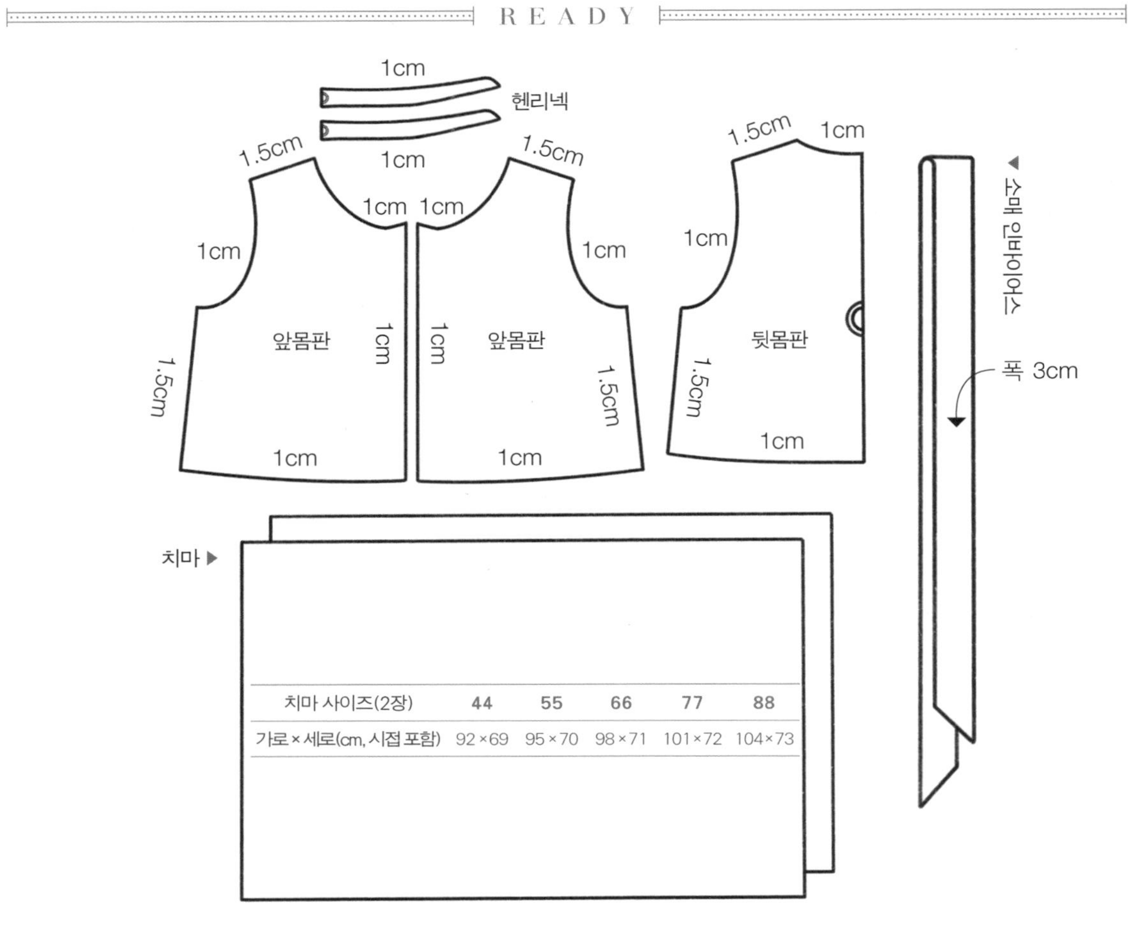

치마 사이즈(2장)	44	55	66	77	88
가로 × 세로(cm, 시접 포함)	92×69	95×70	98×71	101×72	104×73

난이도	★★★★
실물 패턴	D면
준비물	원단 대폭 3마, 실크 심지, 단추
재단	• 앞몸판의 옆선 시접은 다트를 고려하여 재단한다. (38p 참고) • 헨리넥 칼라감은 넉넉하게 가재단한다.

사이즈

헨리넥 민소매 원피스	총장	가슴	어깨
44	110	94	34
55	112	98	35.5
66	114	102	37
77	116	106	38.5
88	118	110	40

알아야 할 팁

사전 작업 _ 실표뜨기 33p
심지 붙이기 34p

몸판 _ 다트 38p
숨은 주머니 44p(생략 가능)
주름 43p

소매 _ 인바이어스 64p

목둘레 _ 헨리넥 76p

밑단 마감 79p

바이어스 만들기 85p

단춧구멍 만들기 86p

단추 달기 86p

1 몸판

1 다트를 재봉한다. (33p, 38p 참고)

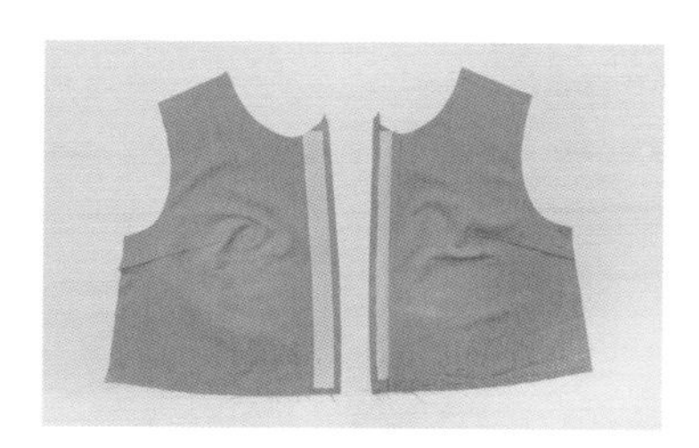

2 앞중심 시접에 심지를 붙이고(34p 참고) 두 번 접어 다림질한다.

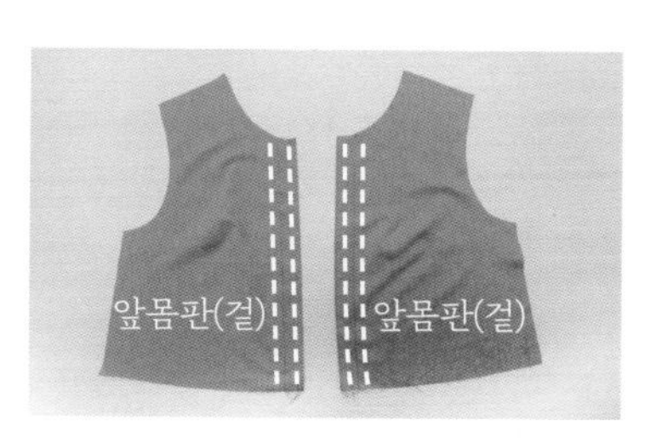

3 접어 다린 선 안쪽으로 두 줄 상침한다.

4 앞몸판과 뒷몸판을 겉끼리 맞대어 어깨선과 옆선을 재봉하고 오버로크한다. 앞판 여밈분을 겹쳐 놓고 재봉하여 고정한다. (여자 옷은 주로 입었을 때 오른쪽이 위로 가게 겹친다.)

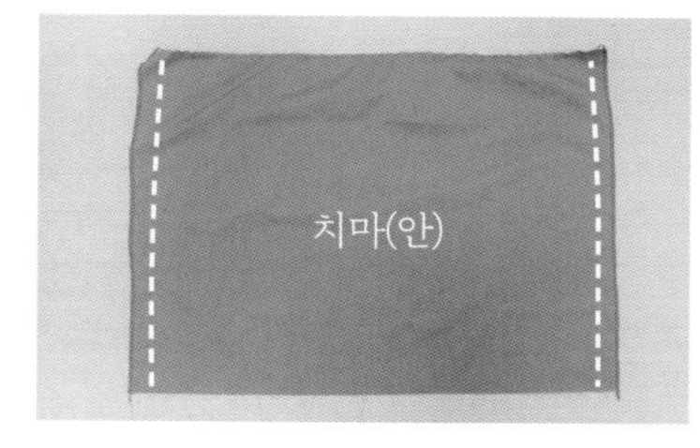

5 치맛감 2장을 겉끼리 맞대어 옆선을 재봉하고 오버로크한다.

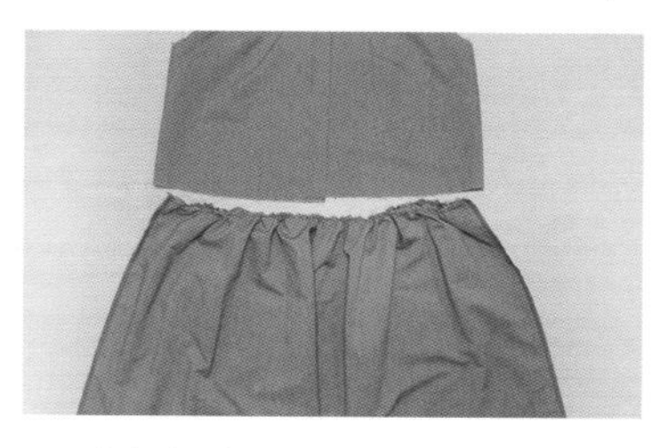

6 치맛감 위쪽을 큰 땀으로 재봉하고 실을 당겨 주름을 만든다. (43p 참고)

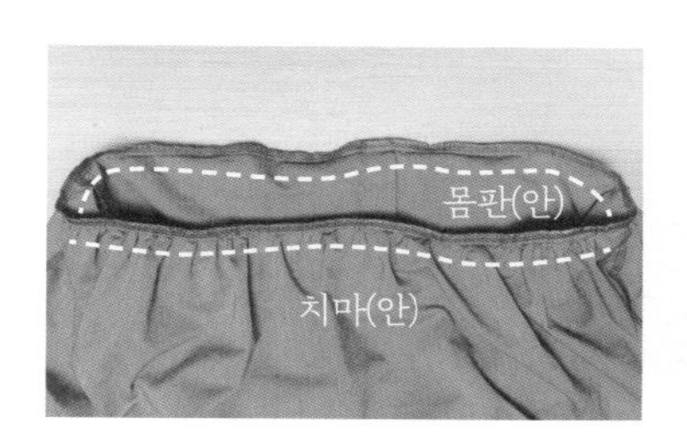

7 치마 안쪽에 몸판을 넣어 겉끼리 맞대고 한 바퀴 재봉한 후 오버로크한다. (중심선, 옆선 등을 잘 맞추고 주름을 균일하게 배분하면서 재봉한다.)

2 소매

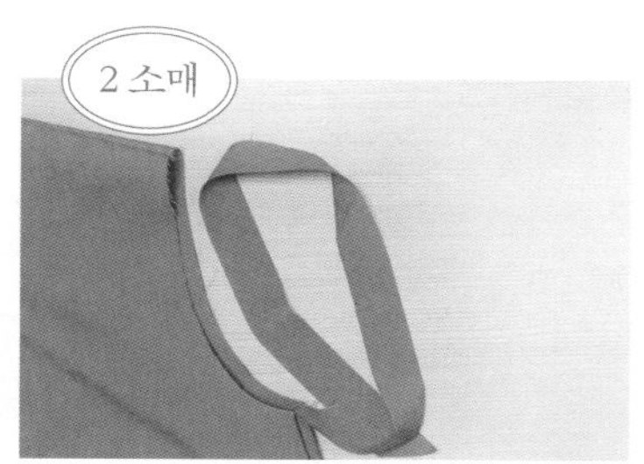

진동둘레를 인바이어스로 마감한다. (64p, 85p 참고)

3 목둘레

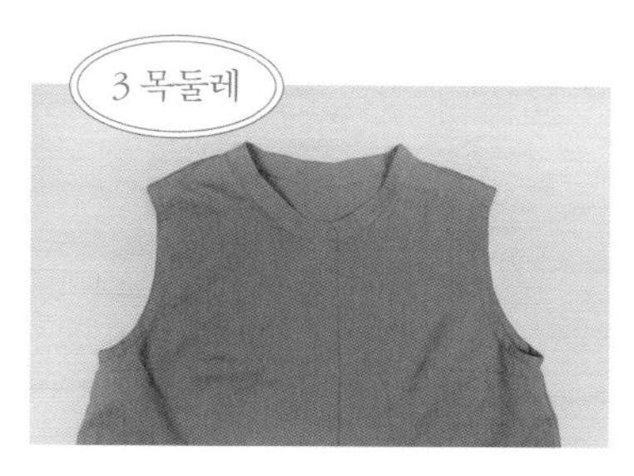

헨리넥을 만들어 달아 준다. (76p 참고)

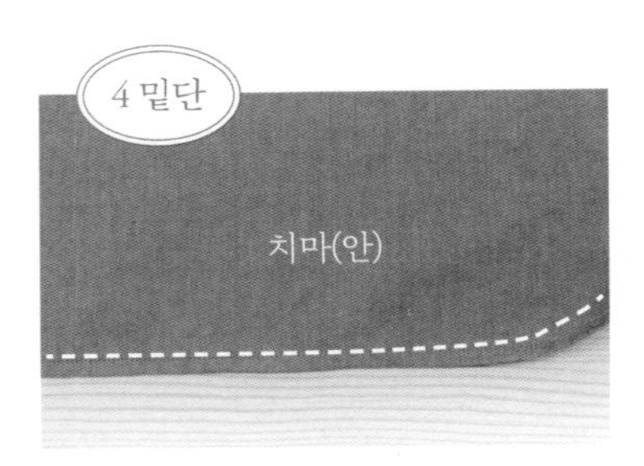

두 번 접어 상침하거나 원하는 방법으로 마감한다. (79p 참고)

단춧구멍을 만들고 단추를 달아 준다. (86p 참고)

기본 원피스

LESSON 05

이 책에 수록된 대부분의 원피스는 이 〈기본 원피스〉로부터 시작되어 디자인의 변형을 시도하는 것이다. 따라서 〈기본 원피스〉 챕터에서는 만드는 방법을 다른 원피스보다 좀 더 자세하게 소개했으니 가장 먼저 만들어 보고 다른 디자인 원피스에 도전하도록 하자. 자주 쓰이는 부분 봉제법이 많으므로 다른 원피스를 만들 때 훨씬 더 수월할 것이다.

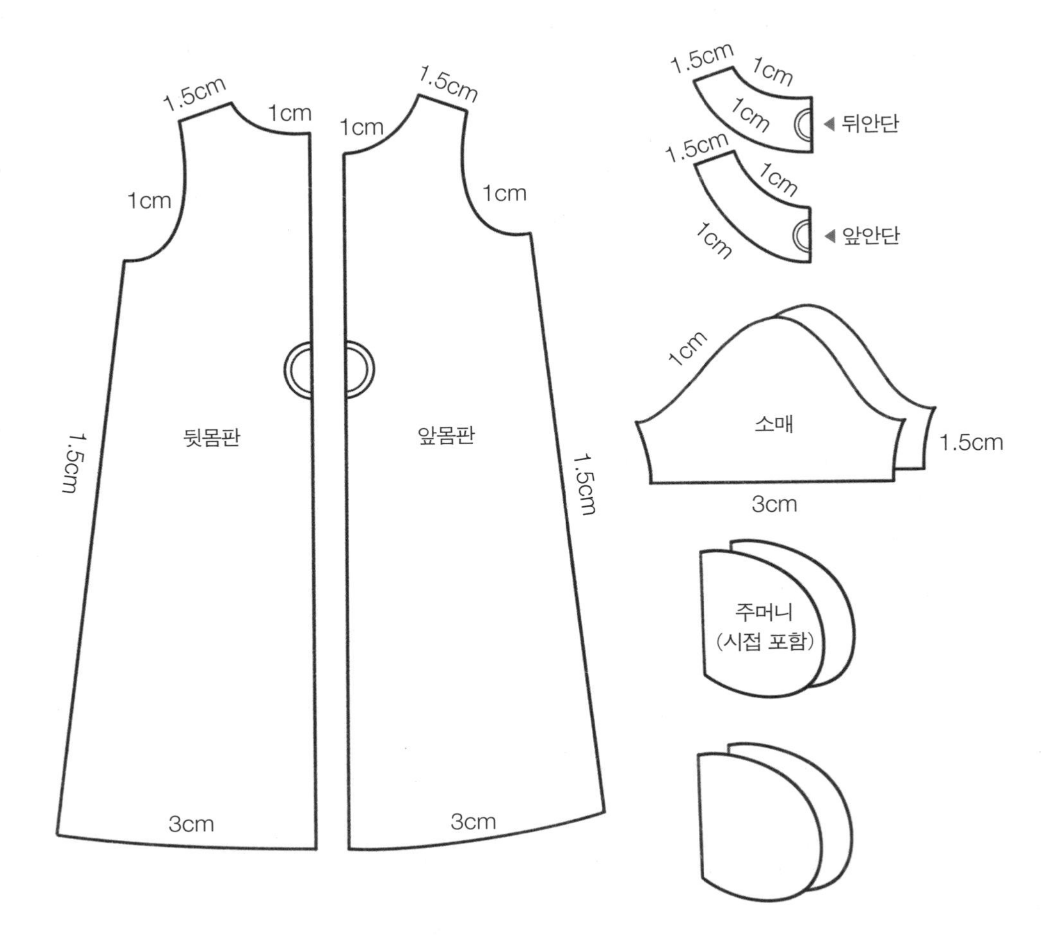

난이도	★★☆
실물 패턴	B면
준비물	원단 대폭 2.5마, 실크 심지
재단	안단감과 심지는 일단 패턴보다 크게 대강 자른다(가재단).

사이즈

기본 원피스	총장	가슴	어깨	소매장(반팔)	소매장(긴소매)
44	110	100	34.5	22.5	58
55	111	104	36	23.5	59
66	112	108	37.5	24.5	60
77	113	112	39	25.5	61
88	114	116	40.5	26.5	62

알아야 할 팁

사전 작업 _ 심지 붙이기 34p

몸판 _ 숨은 주머니 44p(생략 가능)

소매 _ 이세 50p
소맷부리 시접 마감 53p

목둘레 _ 트임 없는 안단 65p

밑단 마감 79p

솔기 처리법 _ 가름솔 82p

1 몸판

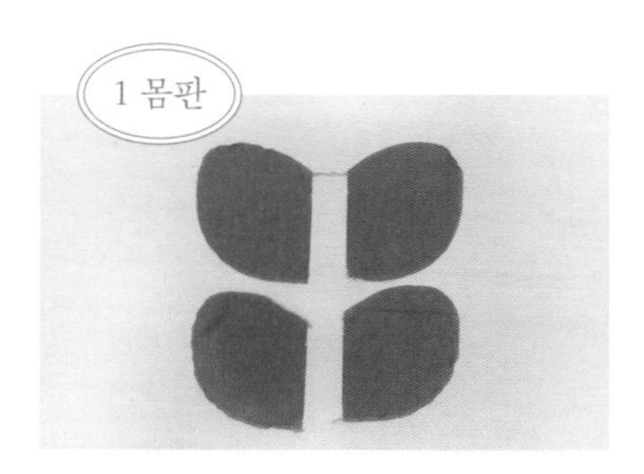

1 주머니의 곡선 부분만 오버로크한다. (44p 참고)

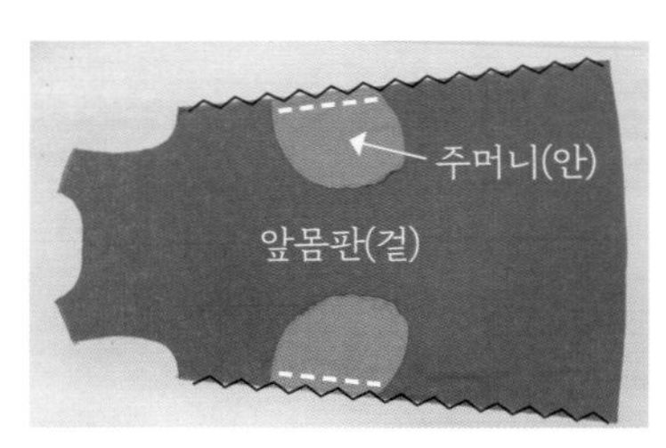

2 앞몸판 겉면에 표시한 너치에 맞춰 주머니를 올려놓고 시접 1.3cm로 재봉한다. 주머니를 바깥쪽으로 펼쳐 어깨선과 옆선을 오버로크한다. 뒷몸판에도 똑같이 반복한다.

3 앞몸판과 뒷몸판을 겉끼리 맞대고 어깨선과 옆선을 재봉한다. 옆선은 손 들어가는 부분만 남기고 재봉해야 물건이 빠지지 않는다.

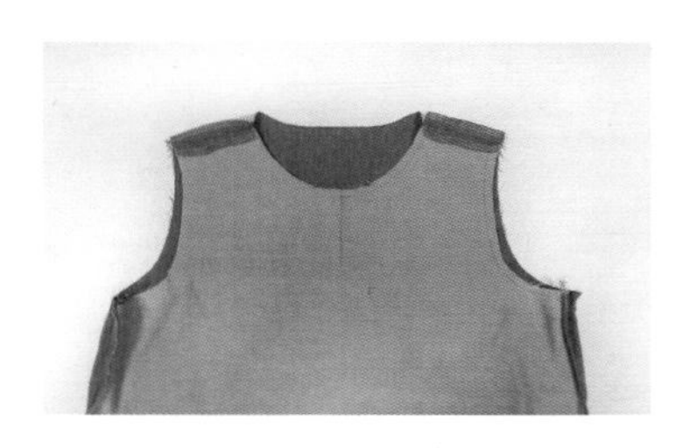

4 어깨선과 옆선 솔기를 가름솔 처리한다. (82p 참고)

2 소매

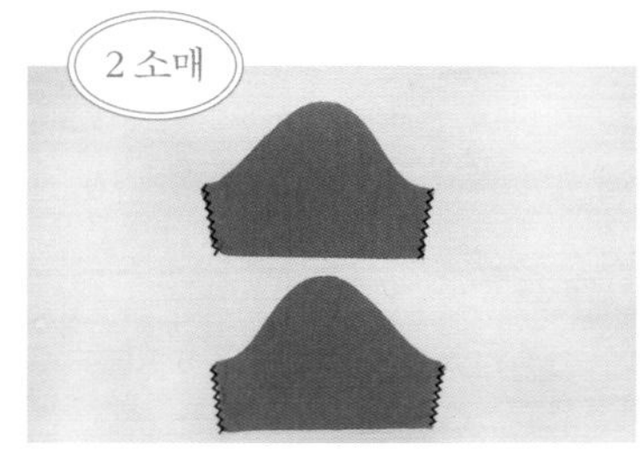

1 소매 옆선을 오버로크한다.

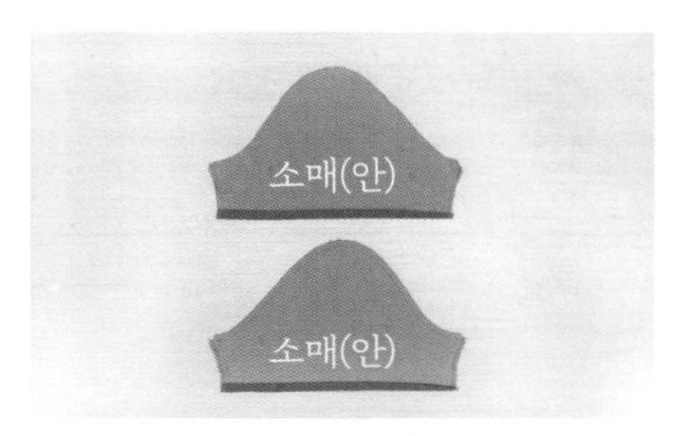

2 소맷부리 시접을 1.5cm씩 두 번 접어 다린다.(53p 참고)

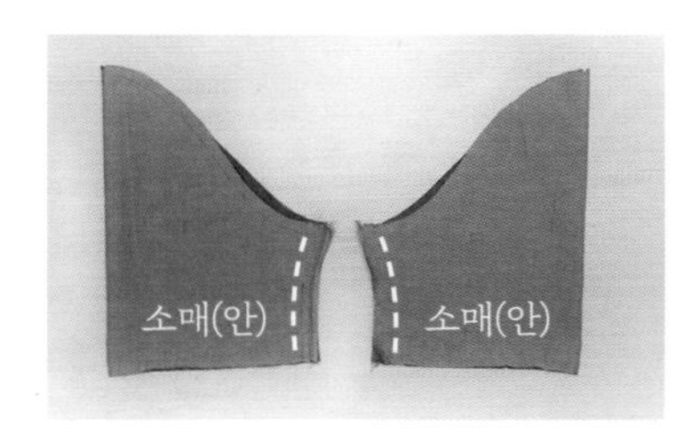

3 다린 시접을 펼쳐 소매 옆선을 재봉하고 가름솔 처리 한다.

4 다린 선을 따라 시접을 다시 두 번 접고 한 바퀴 상침한다.

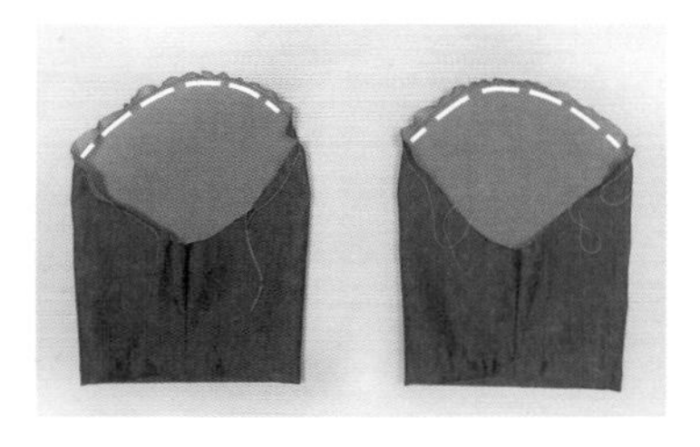

5 소매산 부분을 큰 땀으로 재봉한 후, 재봉한 실을 살짝 잡아당겨 소매산 주변에 넓게 주름이 생기게 한다. (50p 참고)

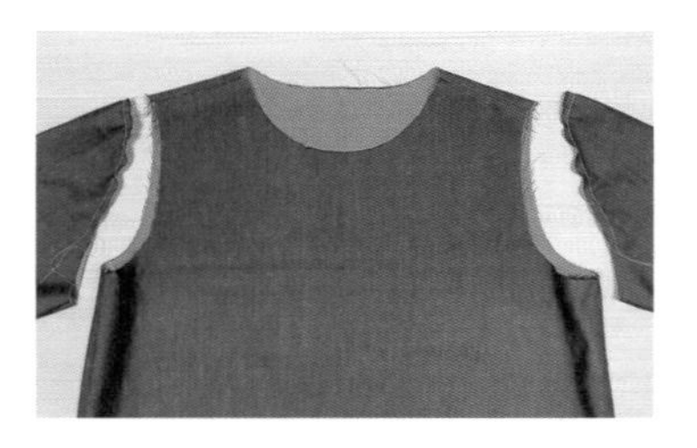

6 몸판과 소매의 좌우 짝을 확인하고, 몸판 안쪽에 소매를 겉끼리 맞닿게 넣는다.

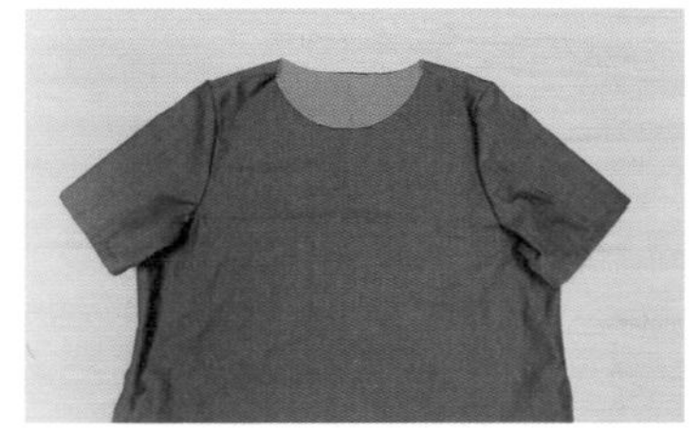

7 소매를 달아준다.

3 목둘레

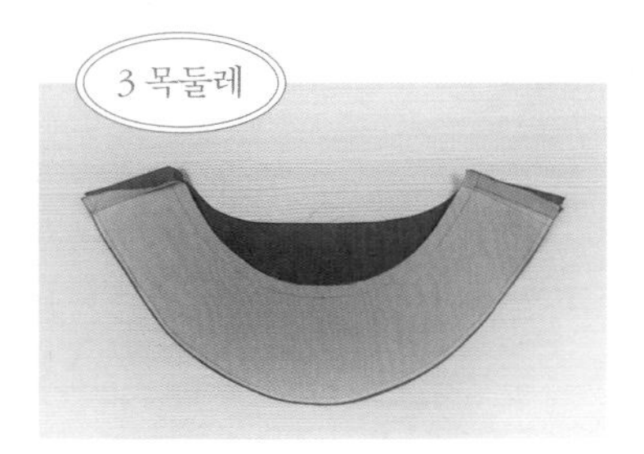

트임 없는 안단을 달거나(34p, 65p 참고) 원하는 방법으로 마감한다.

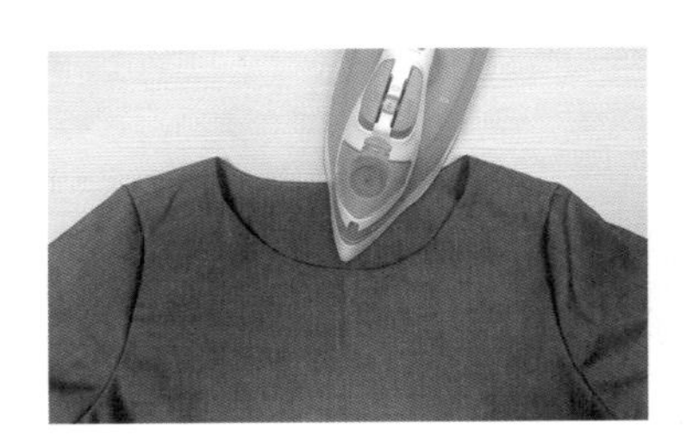

1.5cm로 두 번 접어 상침하거나 원하는 방법으로 마감한다. (79p 참고) 최종 기장은 입어 보고 결정하는 것이 좋다.

- 목둘레, 소매, 밑단의 재봉 순서는 바뀌어도 상관없으나 소매를 달기 전에 목둘레를 작업하는 것이 움직이기에 좋다.
- 실물 패턴에 있는 블라우스 라인을 참고해 블라우스로 응용해 보자.

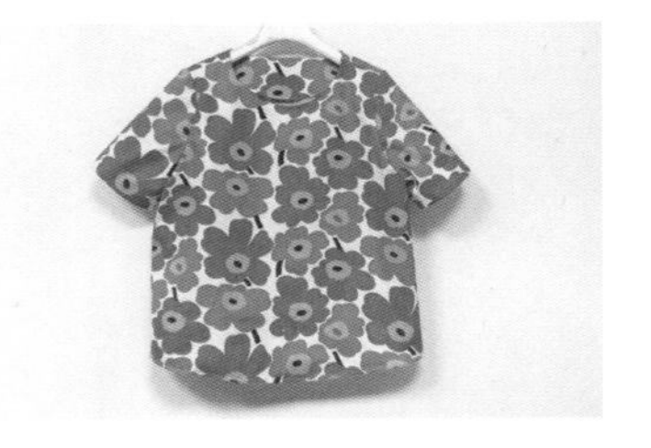

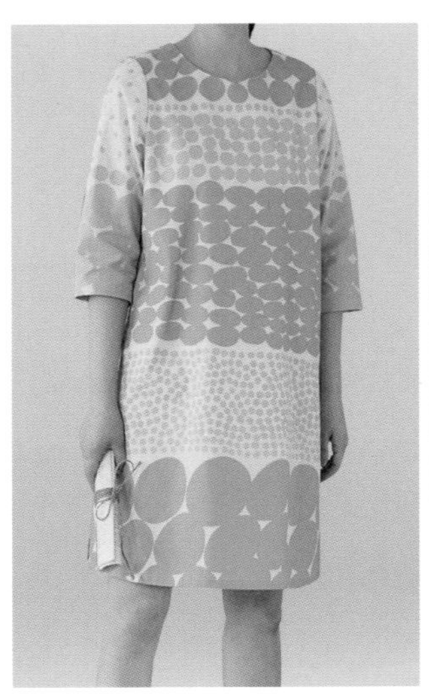

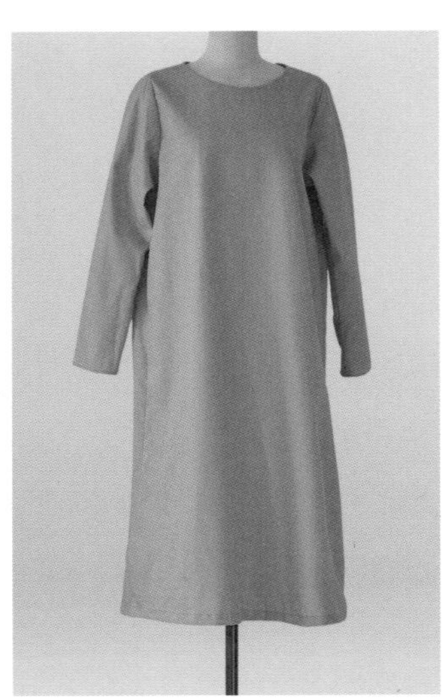

7부 소매

셔링넥 원피스

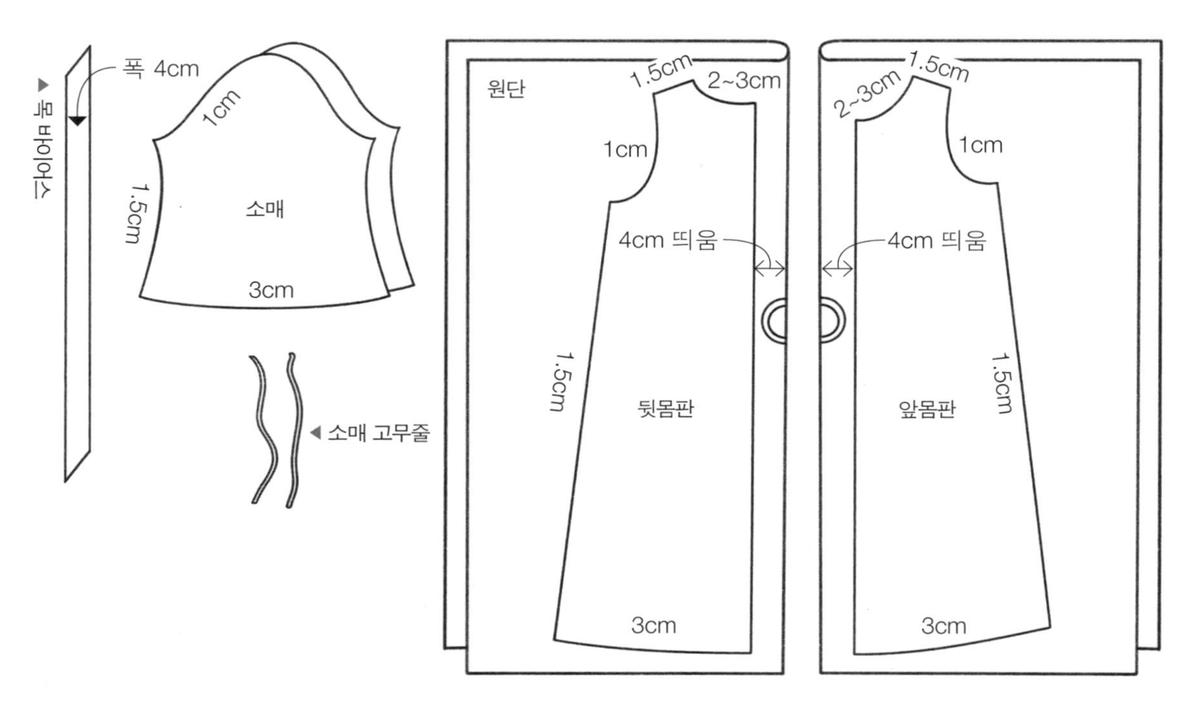

원단을 반 접고, 패턴을 반 접은 선에서 4cm 띄어서 놓는다.

난이도	★★★
실물 패턴	B면
준비물	원단 대폭 2.5마, 고무줄
재단	• 앞몸판과 뒷몸판은 주름을 주기 위해 원단을 접은 골선에서 4cm 떨어진 곳에 패턴을 놓고 재단한다. 주름을 잡고 나면 목둘레 라인이 달라질 수 있으므로 목둘레 시접은 여유 있게 3cm 준다. • 고무줄은 여유 있게 30cm 준비하고, 최종 길이는 입어 보고 결정한다. (이 책에서는 소매 1개당 28cm를 사용했다.)

사이즈

셔링넥 원피스	총장	가슴	어깨	소매장(7부 비숍 소매)
44	110	112	34.5	49
55	111	116	36	50
66	112	120	37.5	51
77	113	124	39	50
88	114	128	40.5	53

알아야 할 팁

몸판 _ 숨은 주머니 44p(생략가능)

소매 _ 이세 50p
비숍 소매 52p
트임 없는 커프스 54p

목둘레 _ 바이어스 62p

밑단 마감 79p

바이어스 만들기 85p

1 몸판

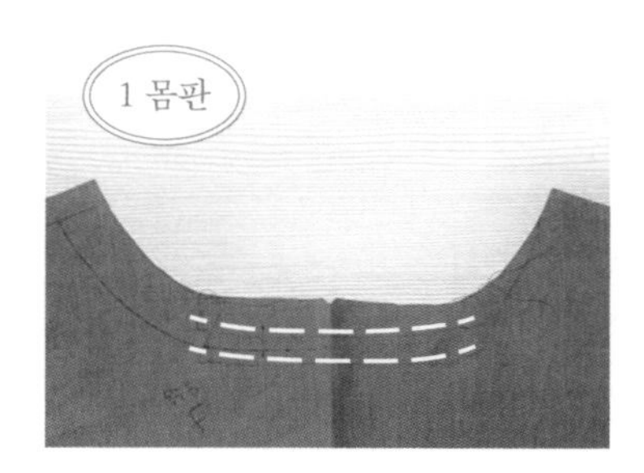

1 앞몸판의 목둘레 완성선 위아래에 큰 땀으로 두 줄 재봉하되 한쪽에만 되돌아 박기를 한다. 뒷몸판에도 반복한다.

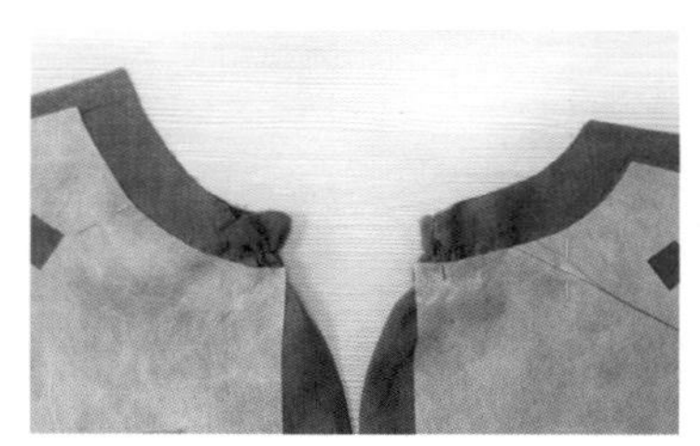

2 되돌아 박지 않은 실을 잡아당겨 주름을 만든다. 패턴의 목둘레와 같아지도록 길이를 조절한다.

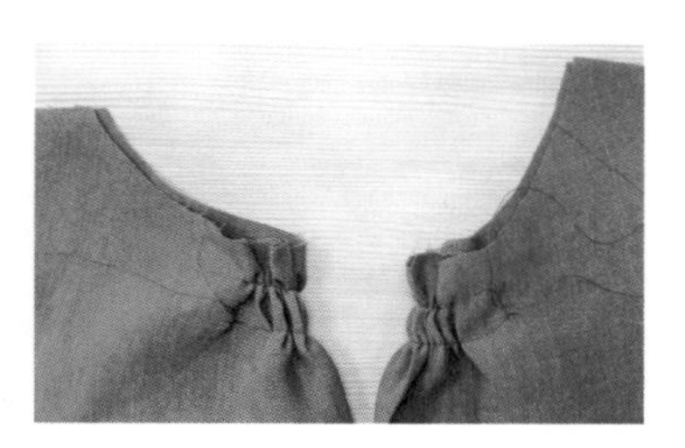

3 되돌아 박기 하지 않은 실 두 개(윗실, 아랫실)를 묶어서 주름 양을 고정한다.

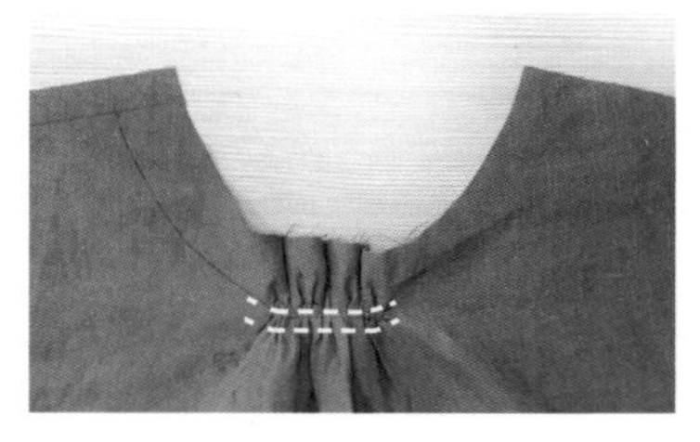

4 주름을 골고루 펼쳐 작은 땀으로 재봉하여 주름의 위치와 길이를 확정한 뒤, 완성선 아래쪽으로 0.5cm, 0.8cm 두 줄 재봉한다. 큰 땀으로 재봉한 실은 풀어 없앤다.

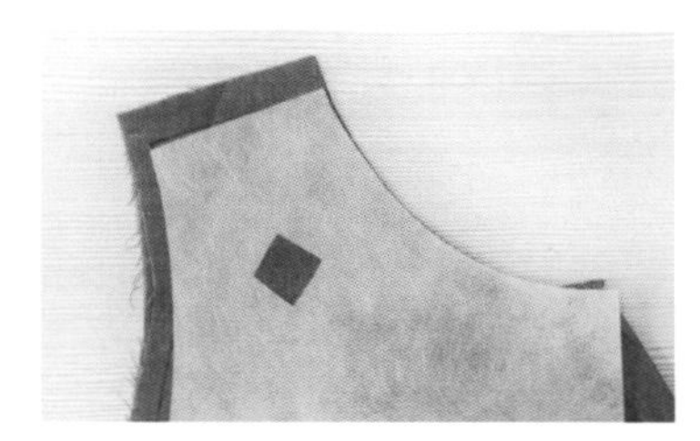

5 목둘레 길이가 패턴과 같은지 확인하고, 완성선을 따라(시접 0cm) 목둘레를 자른다. 뒤판에도 똑같이 반복한다.

6 몸판의 겉끼리 맞대어 어깨선과 옆선을 재봉한 후, 오버로크한다.

2 소매

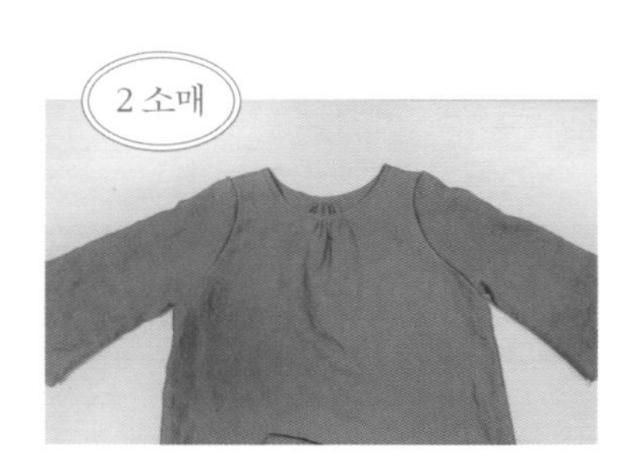

1 소매를 달아 준다. (50p 참고)

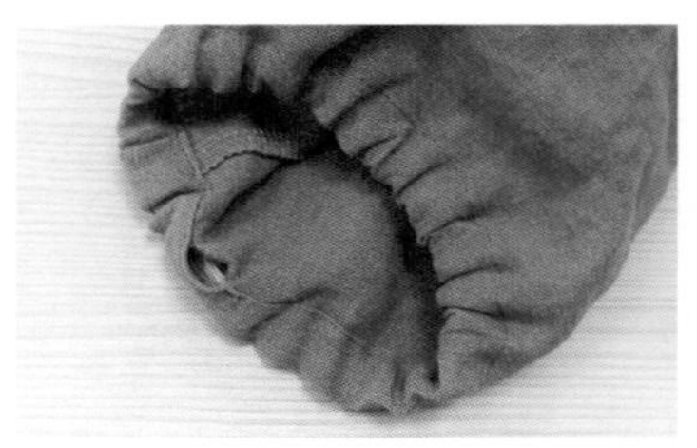

2 소맷부리에 고무줄을 넣거나(52p 참고), 주름 잡아 커프스로 마감한다. (54p 참고) 고무줄 길이는 입어 보고 결정한다.

3 목둘레

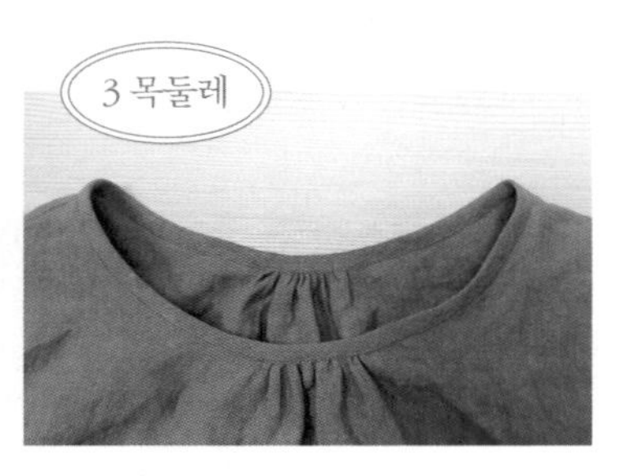

바이어스를 둘러 마감한다. (62p, 85p 참고)

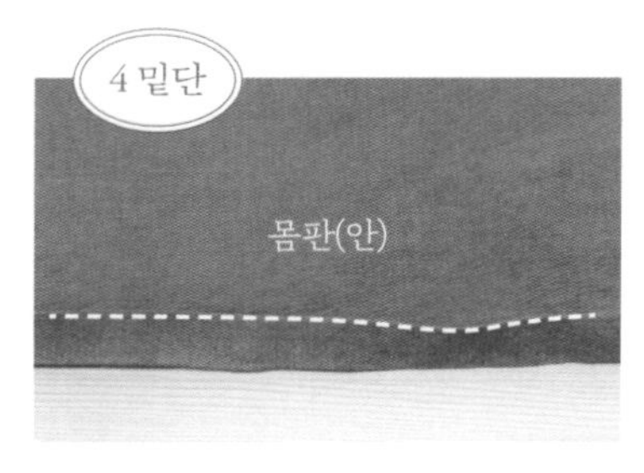

두 번 접어 상침하거나 원하는 방법으
로 마감한다. (79p 참고)

- 셔링(주름)의 양과 위치는 자유롭게 조절한다. 재단할 때 골선에서 많이 띄우면 주름이 풍성해 지고, 적게 띄우면 주름이 적어진다.
- 과정 1-4에서 주름을 재봉할 때 좁게 또는 넓게 펼쳐서 원하는 디자인을 만들 수 있다.

핀턱 원피스

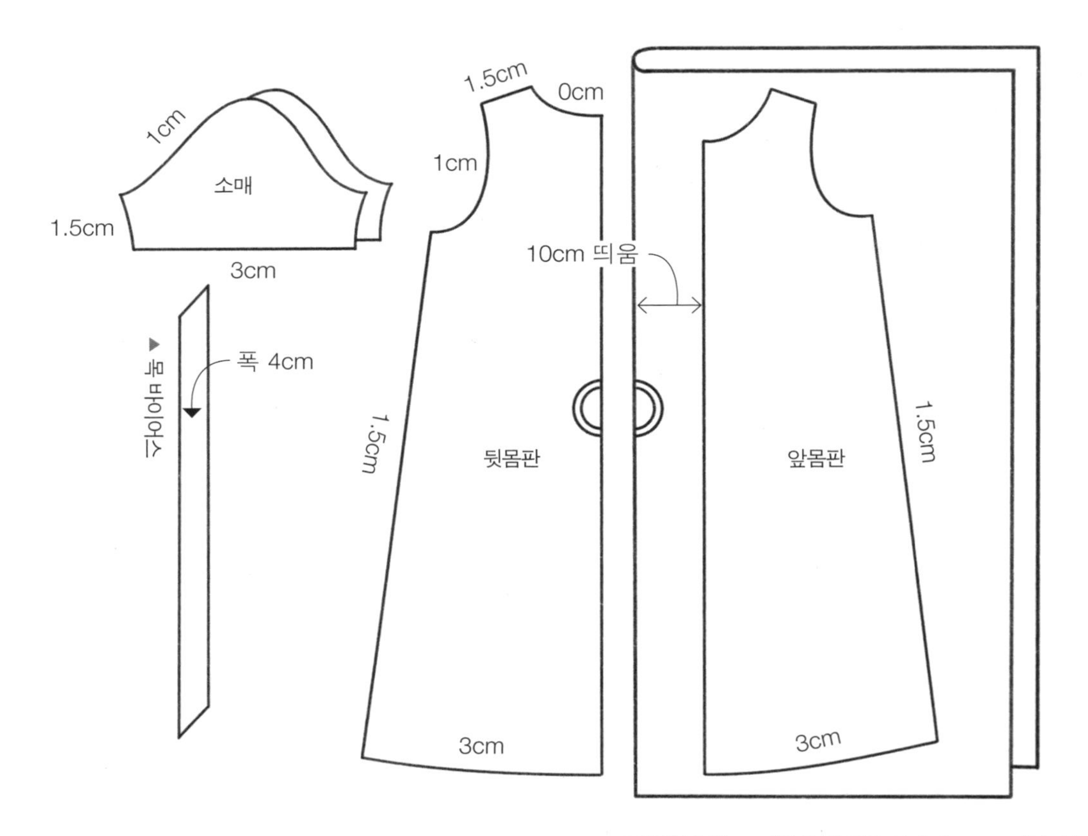

원단을 반 접고, 패턴을 반 접은 선에서 10cm 띄어서 놓는다.

난이도	★★★☆
실물 패턴	B면
준비물	원단 대폭 2.5마
재단	앞몸판은 핀턱 줄 주름분을 고려하여 골선에서 10cm 이상 띄어 크게 가재단한다.

사이즈

핀턱 원피스	총장	가슴	어깨	소매장(반팔)	소매장(긴소매)
44	110	100	34.5	22.5	58
55	111	104	36	23.5	59
66	112	108	37.5	24.5	60
77	113	112	39	25.5	61
88	114	116	40.5	26.5	62

알아야 할 팁

몸판 _ 핀턱 41p
숨은 주머니 _ 44p(생략 가능)

소매 _ 퍼프 소매 51p
소맷부리 시접 마감 53p

목둘레 _ 트임 없는 바이어스 67p

밑단 마감 79p

바이어스 만들기 85p

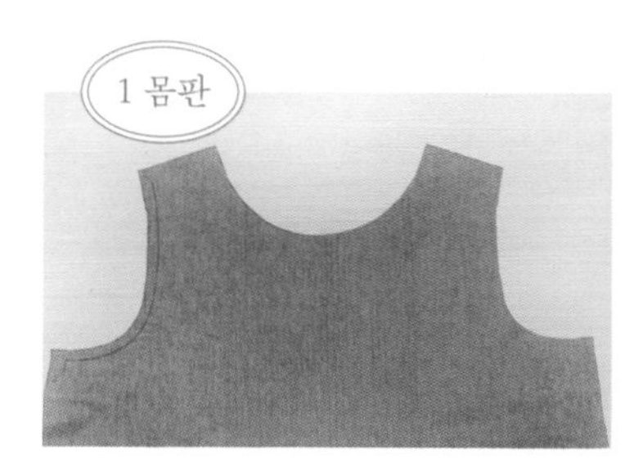

1 핀턱을 잡고 정재단한다. (41p 참고) 사진에서는 66사이즈 기준 35cm의 선을 1.75cm 간격으로 20개 그려, 시접 0.4cm로 상침했다.

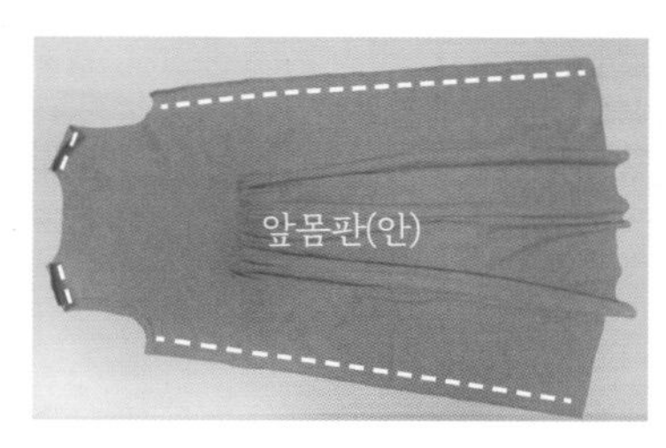

2 몸판을 겉끼리 맞대어 어깨선과 옆선을 재봉하고 오버로크한다.

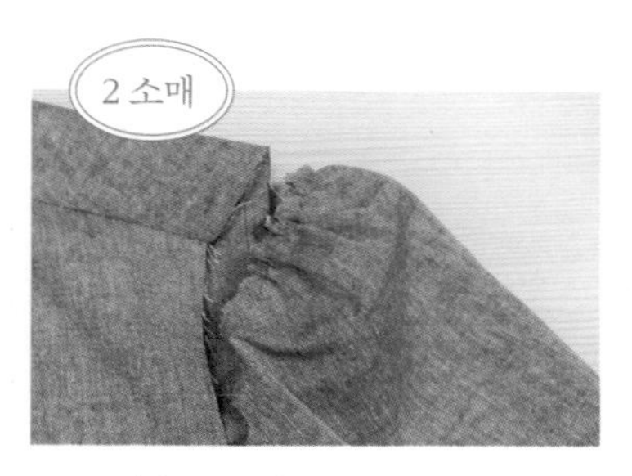

1 소매산 부분에 주름을 잡는다. (51p 참고)

2 소맷부리 시접 처리 하고(53p 참고) 몸판과 연결한 후 오버로크한다.

목둘레를 바이어스로 마감한다. (62p, 85p 참고)

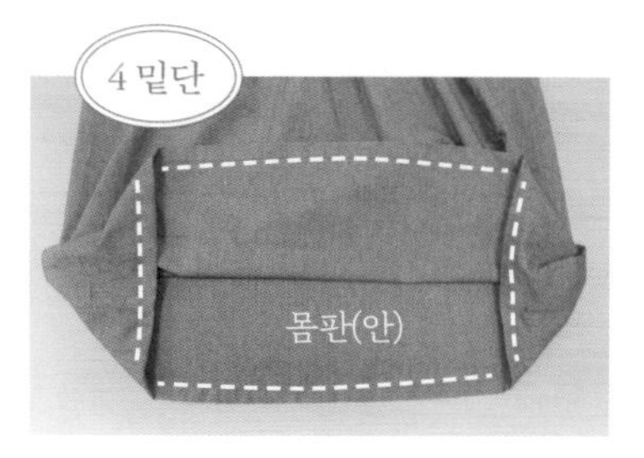

두 번 접어 상침하거나 원하는 방법으로 마감한다. (79p 참고)

- 앞트임 있는 원피스로 변형하면 또 다른 느낌으로 연출할 수 있다. 앞중심에 트임을 만들고(73p 참고) 목둘레에 바이어스를 두른 후(62p 참고), 단춧구멍을 만들고(86p 참고) 단추를 달아 준다(86p 참고).
- 몸판의 길이를 짧게 수정하면 예쁜 블라우스가 된다.

허리 주름 원피스

LESSON

08

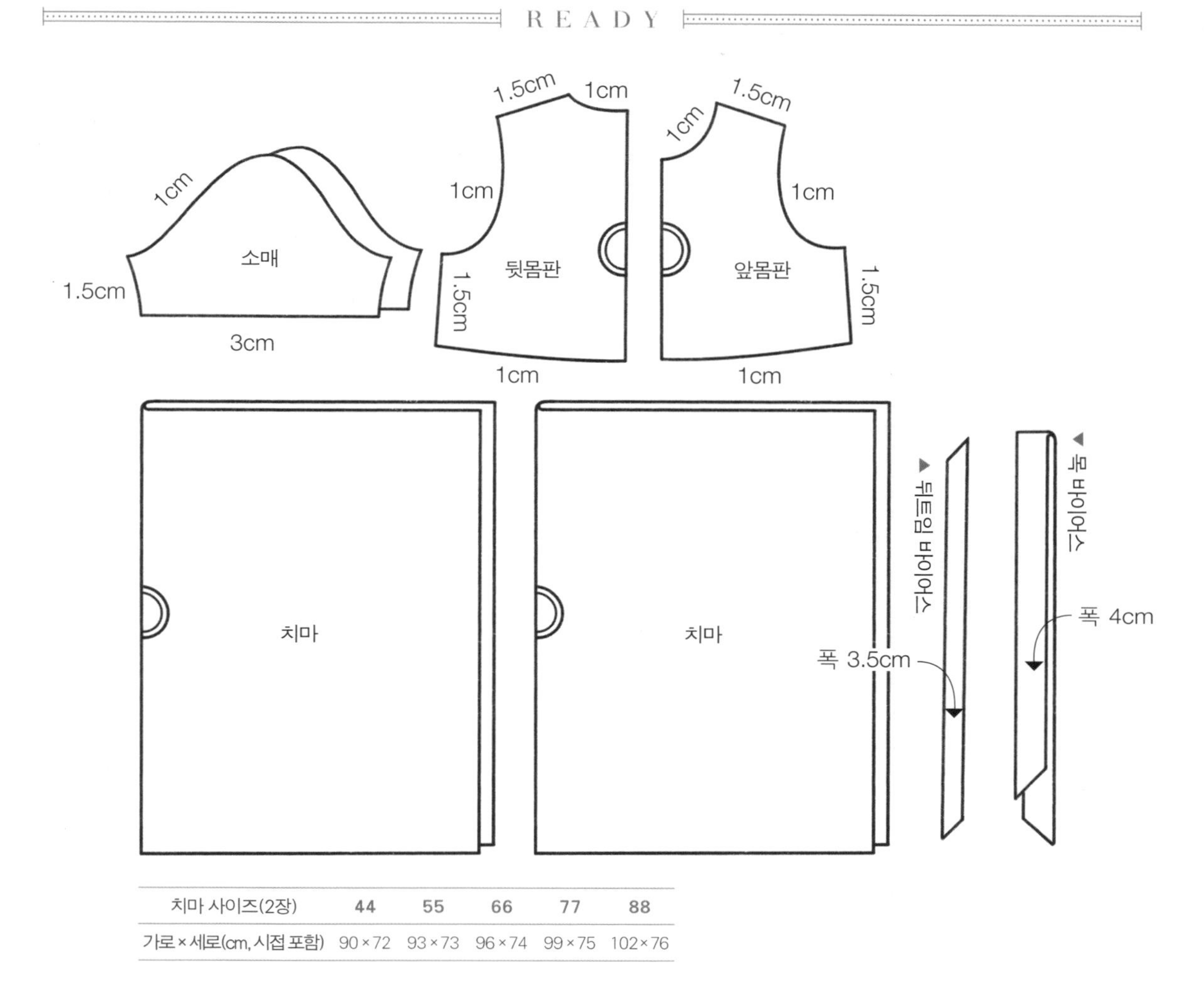

치마 사이즈(2장)	44	55	66	77	88
가로×세로(cm, 시접 포함)	90×72	93×73	96×74	99×75	102×76

난이도	★★★☆
실물 패턴	B면
준비물	원단 대폭 3마, 단추

사이즈

허리 주름 원피스	총장	가슴	어깨	소매장(반팔)
44	106	100	35	22.5
55	108	104	36.5	23.5
66	110	108	38	24.5
77	112	112	39.5	25.5
88	114	116	41	26.5

알아야 할 팁

몸판 _ 주름 43p
숨은 주머니 44p(생략 가능)

소매 _ 이세 50p
소맷부리 시접 마감 53p

목둘레 _ 뒤트임 바이어스 67p

밑단 마감 79p

바이어스 만들기 85p

천루프(단추 고리) 만들기 85p

단추 달기 86p

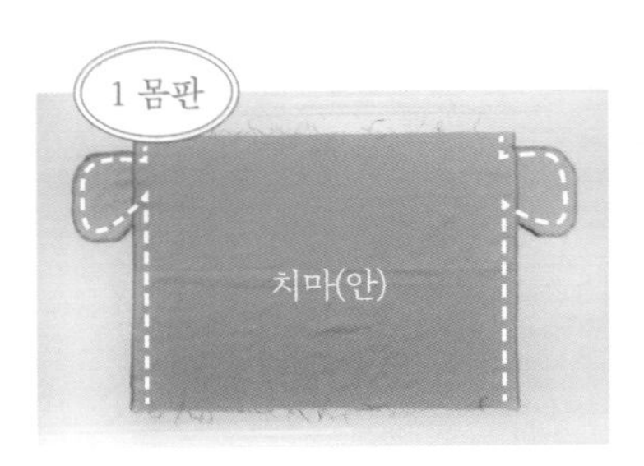

1 몸판에 숨은 주머니를 단다. (44p 참고, 생략 가능)

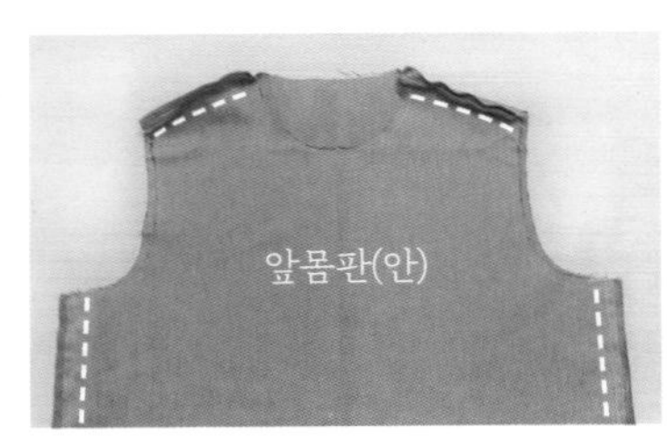

2 앞몸판과 뒷몸판을 겉끼리 맞대어 어깨선과 옆선을 재봉한 후 오버로크한다.

3 치마 위쪽을 큰 땀으로 시접 0.8cm 주어 재봉하고 실을 잡아당겨 주름을 만든다. (43p 참고)

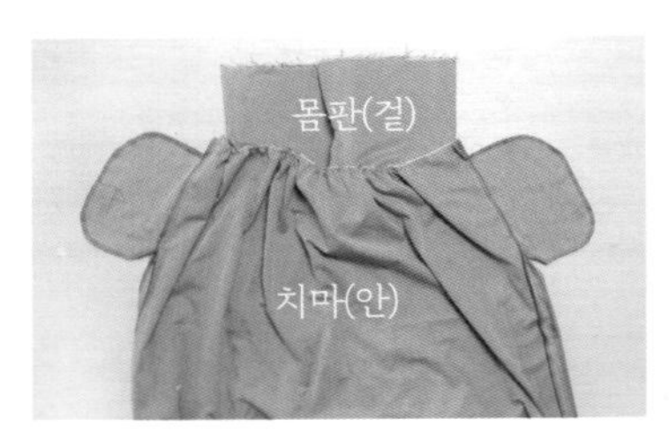

4 몸판을 치마 속으로 넣어 겉끼리 맞댄다.

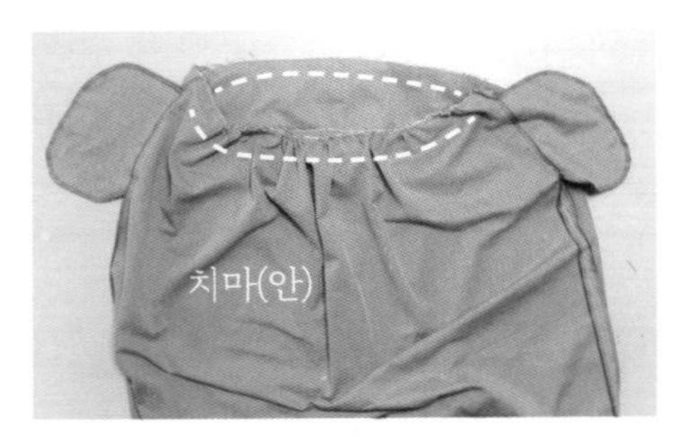

5 주름을 균일하게 배분하며 허리선을 한 바퀴 재봉한 후 오버로크한다.

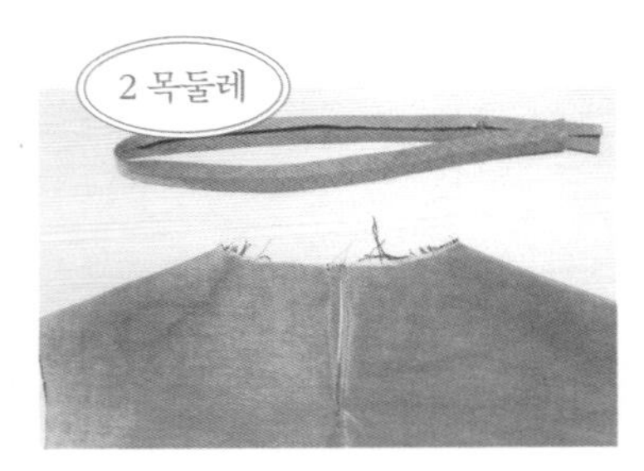

1 뒤트임을 만들어 바이어스로 감싼다. (67p, 85p 참고)

2 목둘레에도 바이어스를 두르며 단추 고리를 달고(85p 참고) 단추를 단다. (86p 참고)

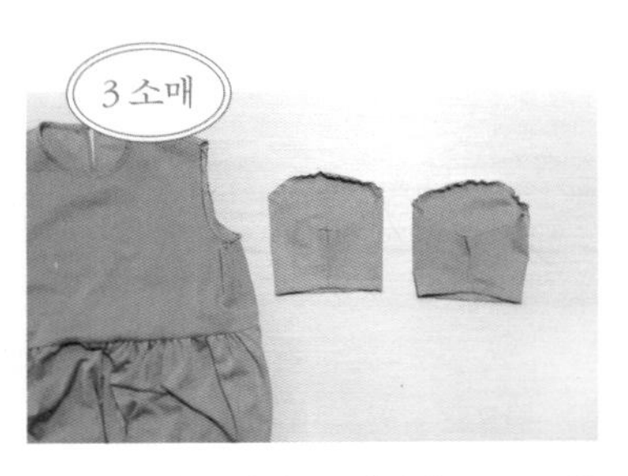

소매 옆선과 밑단을 재봉하고(53p 참고), 이세를 주어 몸판에 달아 준다. (50p 참고)

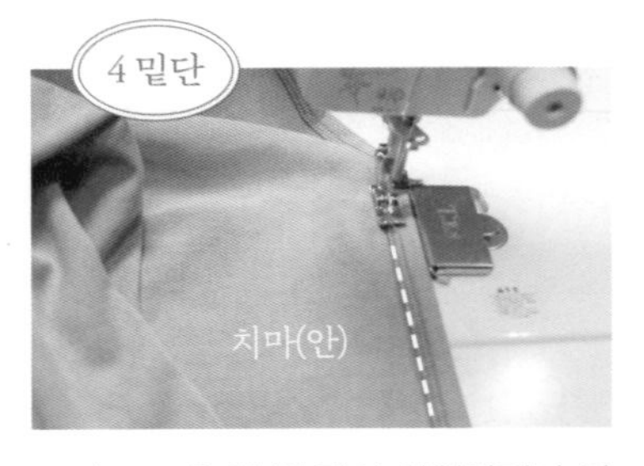

오버로크 후 한 번 접어 상침하거나 원하는 방법으로 마감한다. (79p 참고)

목둘레를 크게 하면 트임과 단추가 필요 없다. 실물 패턴에서 목둘레가 큰 디자인을 찾아 목둘레만 옮겨 그리고, 안단이나 바이어스로 마감하면 더 쉽게 완성할 수 있다.

앞트임 칼라 원피스

LESSON 09

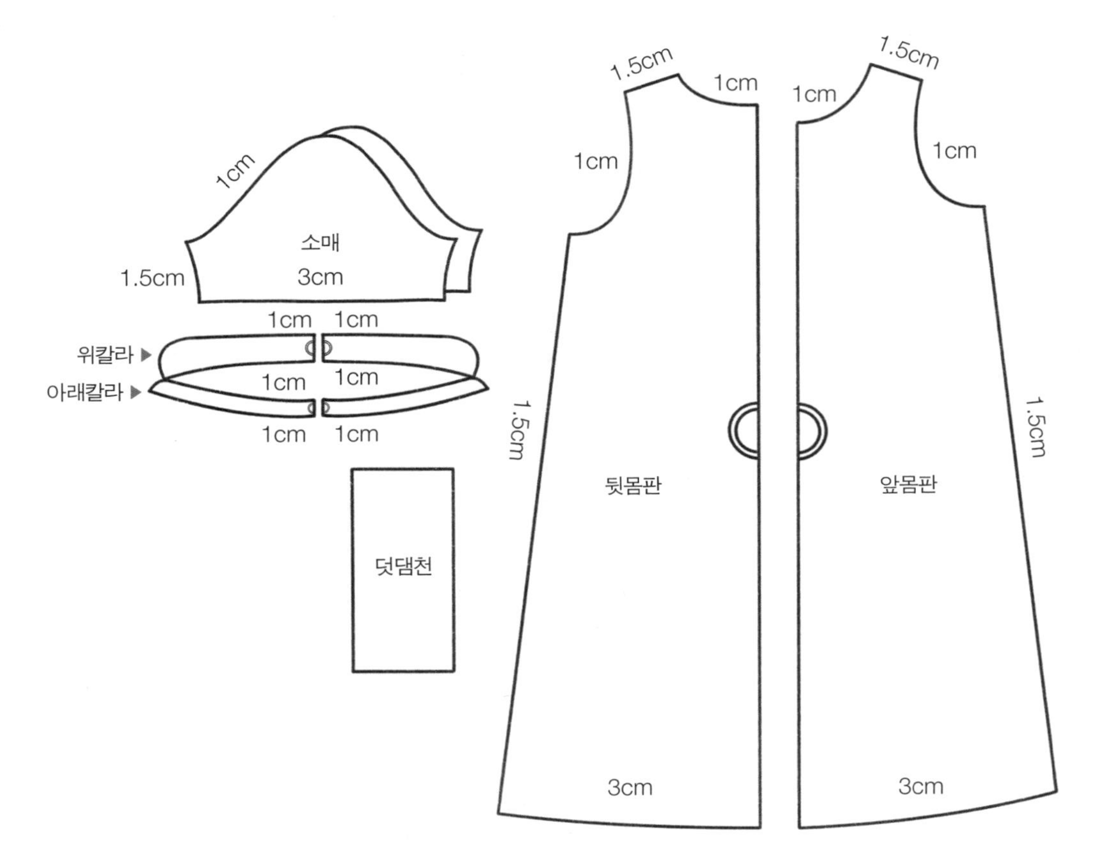

앞트임 덧댐천 사이즈(1장)	44	55	66	77	88
가로×세로(cm, 시접 포함)	17×23	17×24	17×25	17×26	17×27

난이도	★★★★☆
실물 패턴	B면
준비물	원단 대폭 2.5마, 실크 심지, 단추

사이즈

앞트임 칼라 원피스	총장	가슴	어깨	소매장(반팔)
44	110	100	35	23
55	111	104	36.5	24
66	112	108	38	25
77	113	112	39.5	26
88	114	116	41	27

알아야 할 팁

사전 작업 _ 심지 붙이기 34p

몸판 _ 숨은 주머니 44p(생략 가능)

소매 _ 퍼프 소매 51p
소맷부리 시접 마감 53p

목둘레 _ 앞트임 73p
셔츠칼라 77p

밑단 마감 79p

단춧구멍 만들기 86p

단추 달기 86p

1 앞트임을 만든다. (34p, 73p 참고)

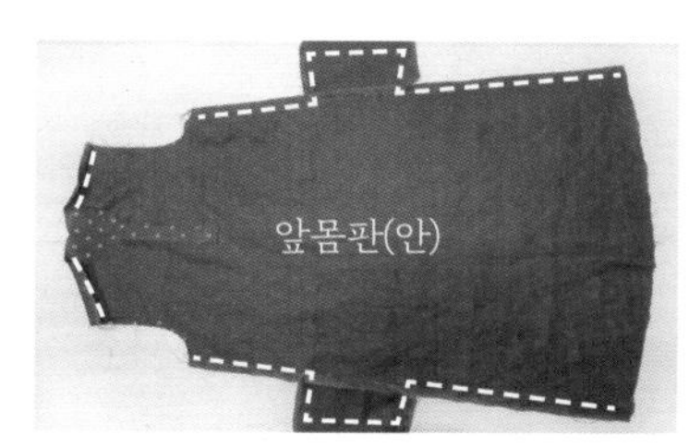

2 숨은 주머니를 달고(44p 참고) 앞몸판과 뒷몸판을 겉끼리 맞대어 어깨선과 옆선을 재봉한 후 오버로크한다.

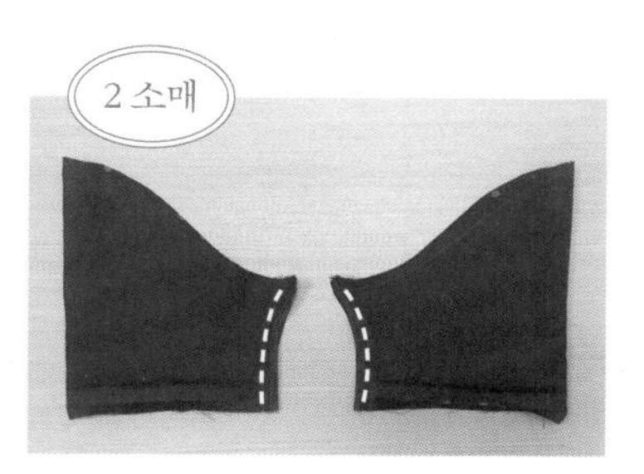

1 소매 옆선을 재봉하고 오버로크한다.

2 소맷부리 시접을 두 번 접어 상침한다. (53p 참고)

3 소매산에 주름을 잡고 몸판과 좌우 짝을 맞춰 달아 준다. (51p 참고)

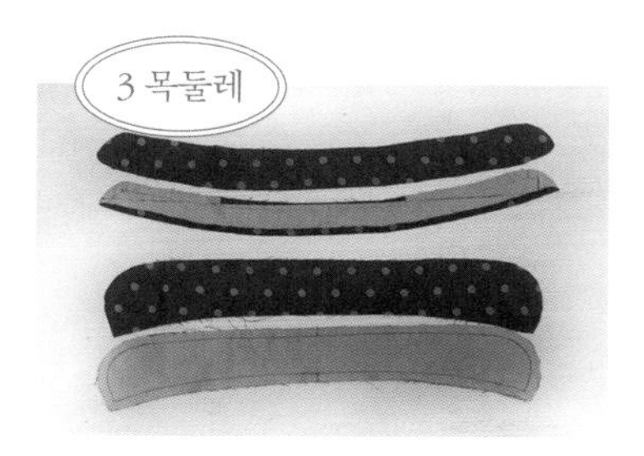

1 둥근 셔츠칼라를 심지 붙여 정재단한다. (77p 참고)

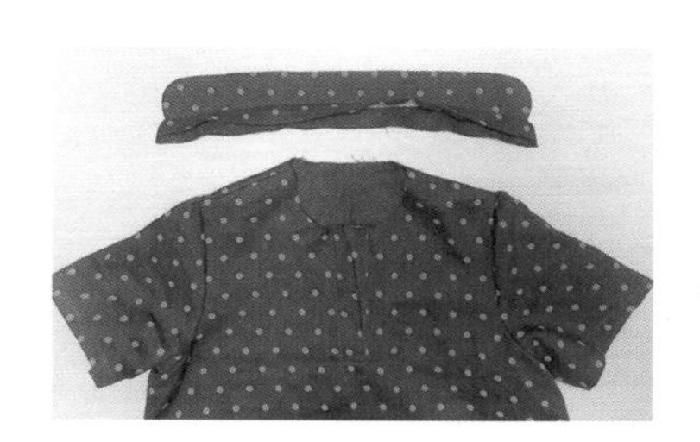

2 칼라를 달아준다.

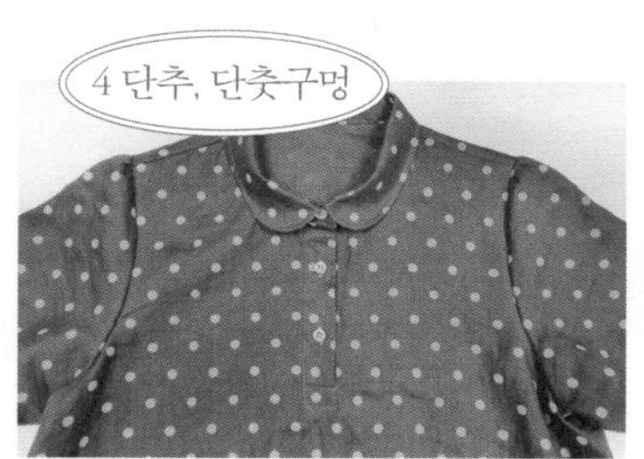

단춧구멍을 만들고 단추를 달아 준다. (86p 참고)

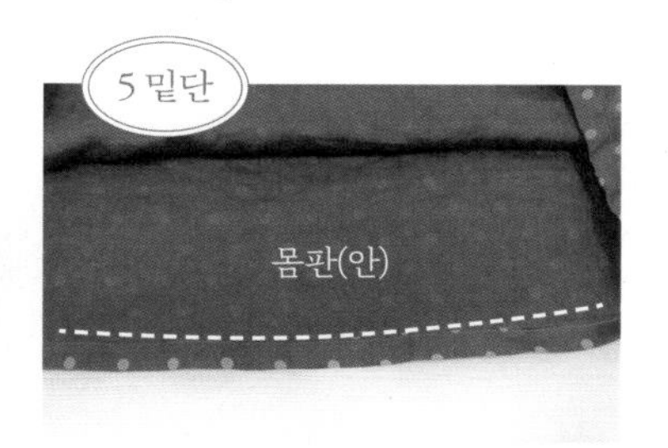

두 번 접어 상침하거나 원하는 방법으로 마감한다. (79p 참고)

원피스 V넥 일자 포켓

LESSON

10

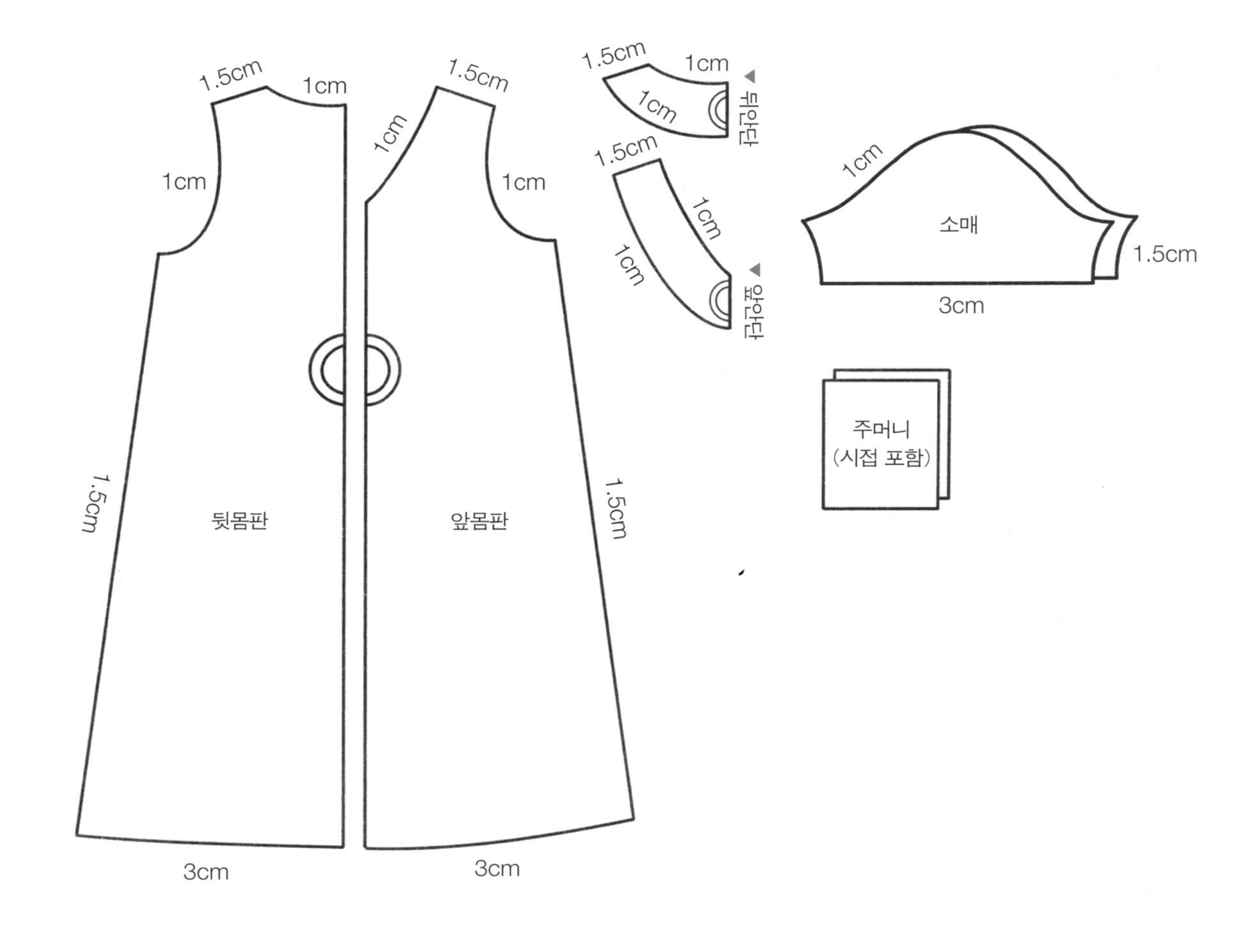

난이도	★★★
실물 패턴	A면
준비물	원단 대폭 2.5마, 실크 심지

사이즈

V넥 일자 포켓 원피스	총장	가슴	어깨	소매장
44	107	100	35	20
55	108	104	36.5	21
66	109	108	38	22
77	110	112	39.5	23
88	111	116	41	24

알아야 할 팁

사전 작업 _ 심지 붙이기 34p

몸판 _ 아웃포켓 45p

소매 _ 이세 50p
소맷부리 시접 마감 53p

목둘레 _ 트임 없는 안단 65p

밑단 마감 79p

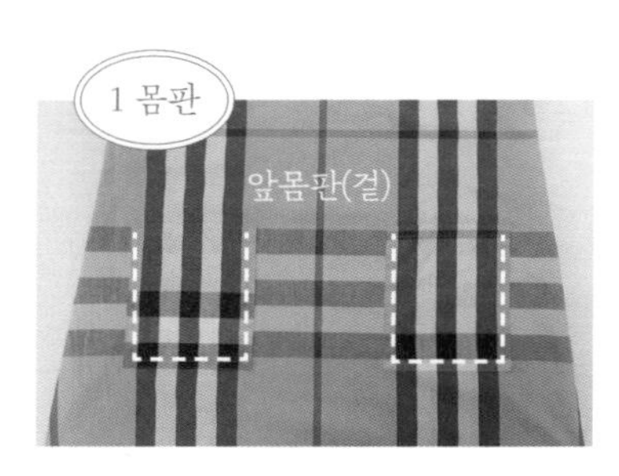

1 앞판 겉면에 아웃포켓을 달아 준다. (45p 참고)

2 앞몸판과 뒷몸판을 겉끼리 맞대어 어깨선과 옆선을 재봉한 후 오버로크 한다.

소매 옆선과 밑단을 재봉하고(53p 참고), 이세를 주어 몸판에 달아 준다. (50p 참고)

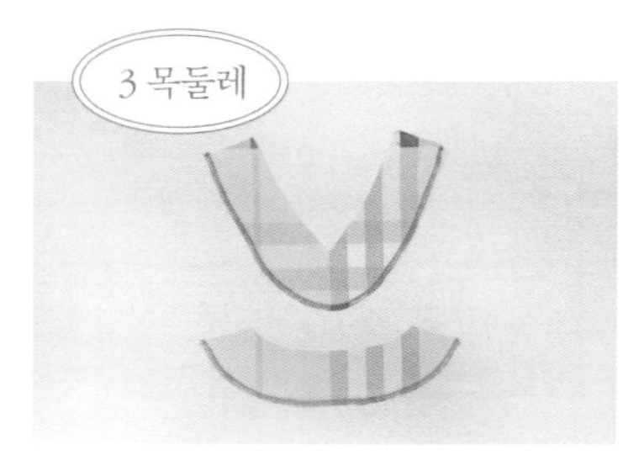

V넥으로 트임 없는 안단을 달아 준다. (34p, 65p 참고)

두 번 접어 상침하거나 원하는 방법으로 마감한다. (79p 참고)

블라우스로 응용할 수 있다.
V넥 일자 포켓 원피스의 실물 패턴에 표시된 블라우스 라인을 참고하여
총 길이를 짧게 수정하고 옆트임을 내어 준다.

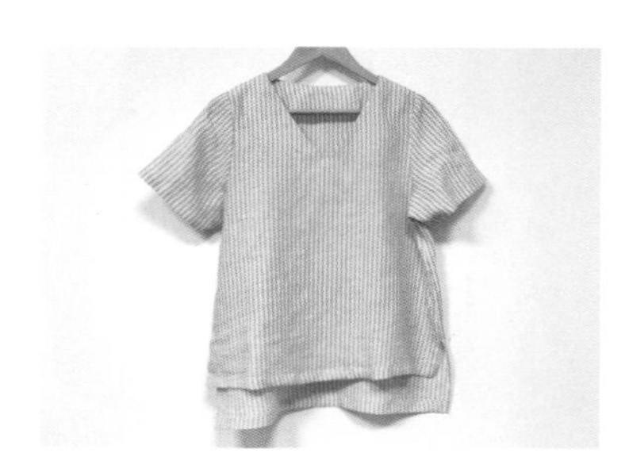

V넥 프릴 원피스

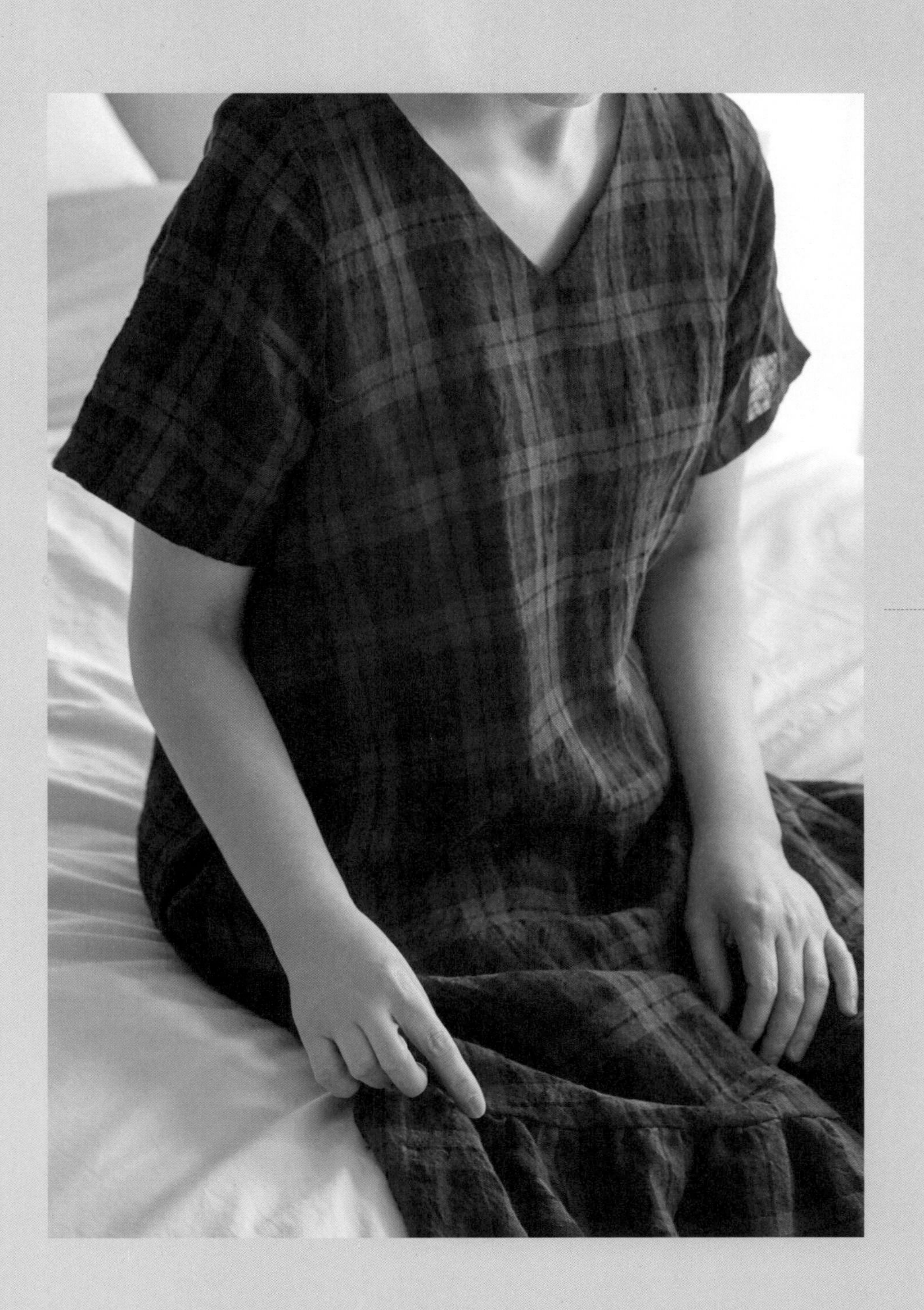

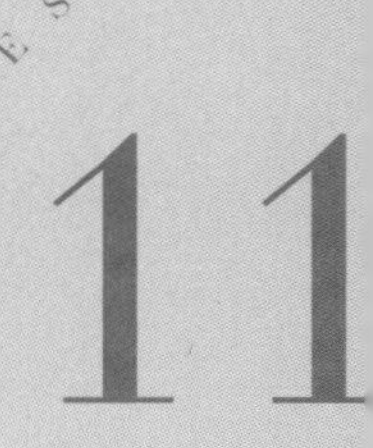

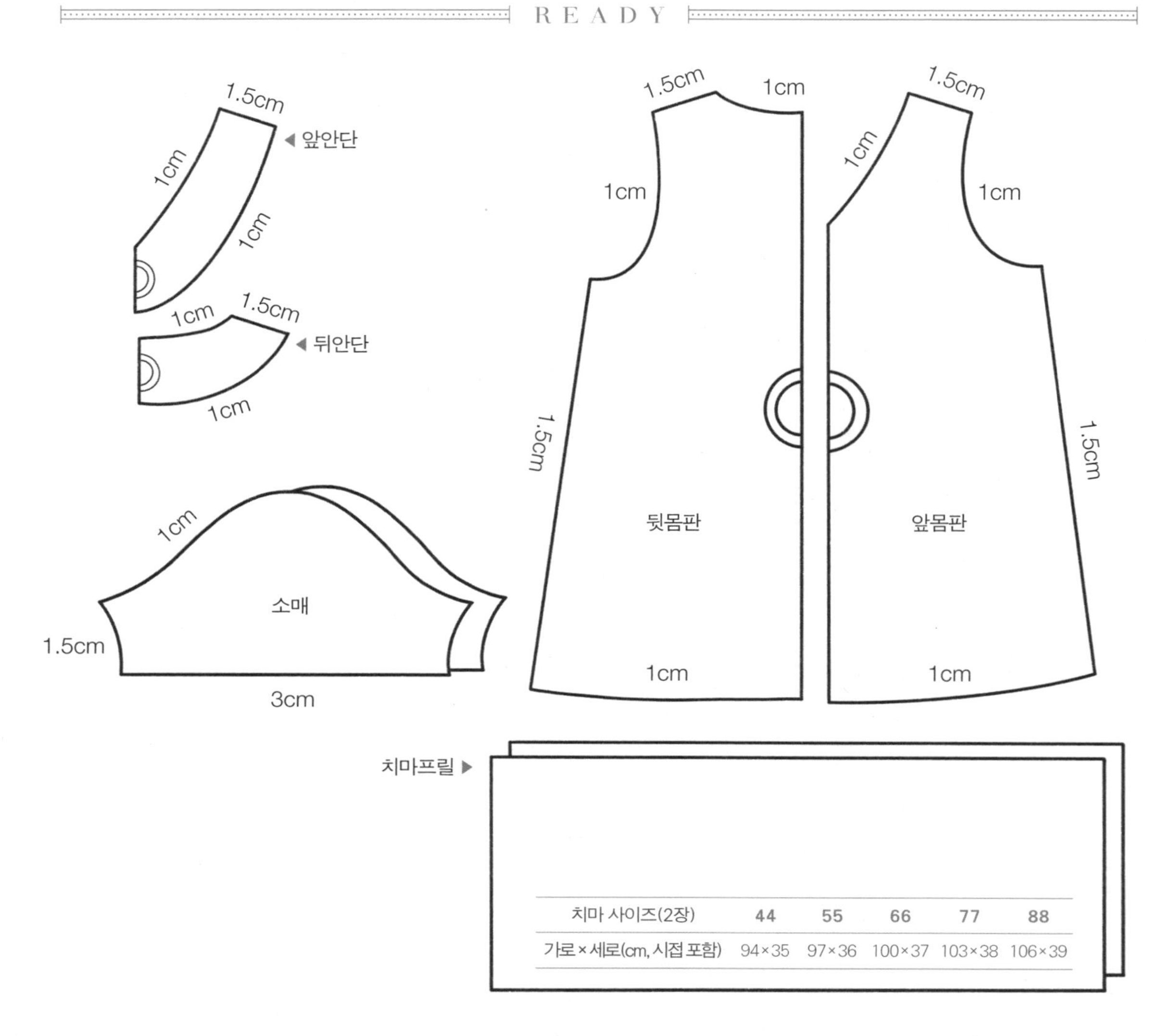

치마 사이즈(2장)	44	55	66	77	88
가로 × 세로(cm, 시접 포함)	94×35	97×36	100×37	103×38	106×39

난이도 ★★★

실물 패턴 A면

준비물 원단 대폭 3마, 실크 심지

사이즈

V넥 프릴 원피스	총장	가슴	어깨	소매장
44	106	100	35	20
55	108	104	36.5	21
66	110	108	38	22
77	112	112	39.5	23
88	114	116	41	24

알아야 할 팁

사전 작업 _ 심지 붙이기 34p

몸판 _ 주름 43p
숨은 주머니 44p(생략 가능)

소매 _ 이세 50p
소맷부리 시접 마감 53p

목둘레 _ 트임 없는 안단 65p

밑단 마감 79p

1 몸판

1 숨은 주머니를 만들고(44p 참고, 생략 가능) 앞몸판과 뒷몸판을 겉끼리 맞대어 어깨선과 옆선을 재봉한 후, 오버로크한다.

2 치마프릴 2장을 겉끼리 맞대어 옆선을 재봉하고 오버로크한다.

3 상단을 시접 0.8cm 주어 큰 땀으로 재봉하고 실을 잡아당겨 주름을 만든다. (43p 참고)

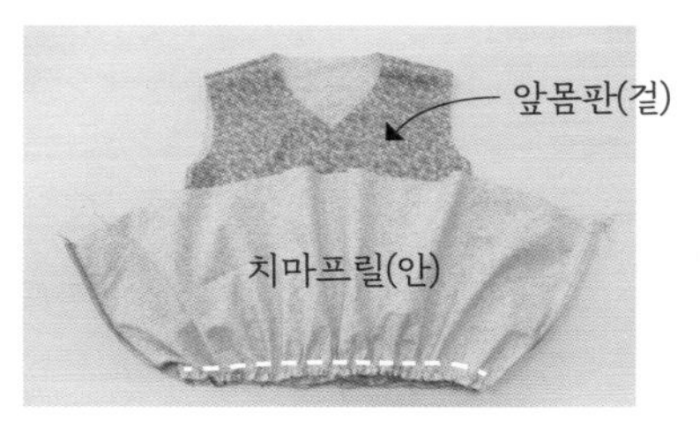

4 치마프릴 속에 몸판을 넣어 겉끼리 맞댄다. 주름을 균일하게 배분하며 한 바퀴 재봉하고 오버로크한다.

2 소매

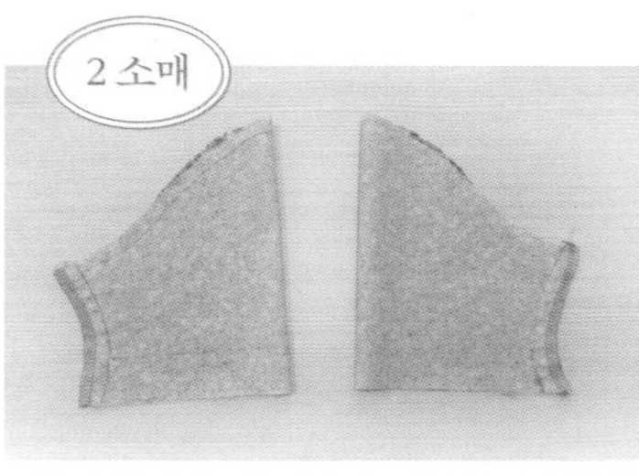

1 소매 옆선과 밑단을 재봉하고(53p 참고), 이세를 주어 몸판에 달아 준다. (50p 참고)

2 몸판에 소매를 단 모습. (53p 참고)

3 목둘레

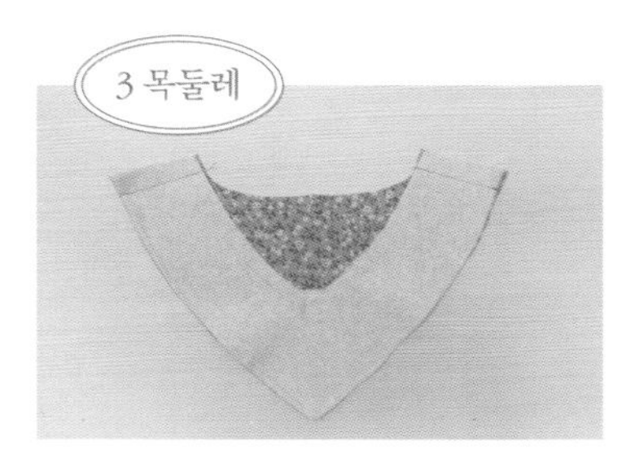

1 안단을 준비한다. (34p, 65p 참고)

2 안단을 달아 준다.

4 밑단

두 번 접어 상침하거나 원하는 방법으로 마감한다. (79p 참고)

슬림핏 기본 원피스

LESSON

12

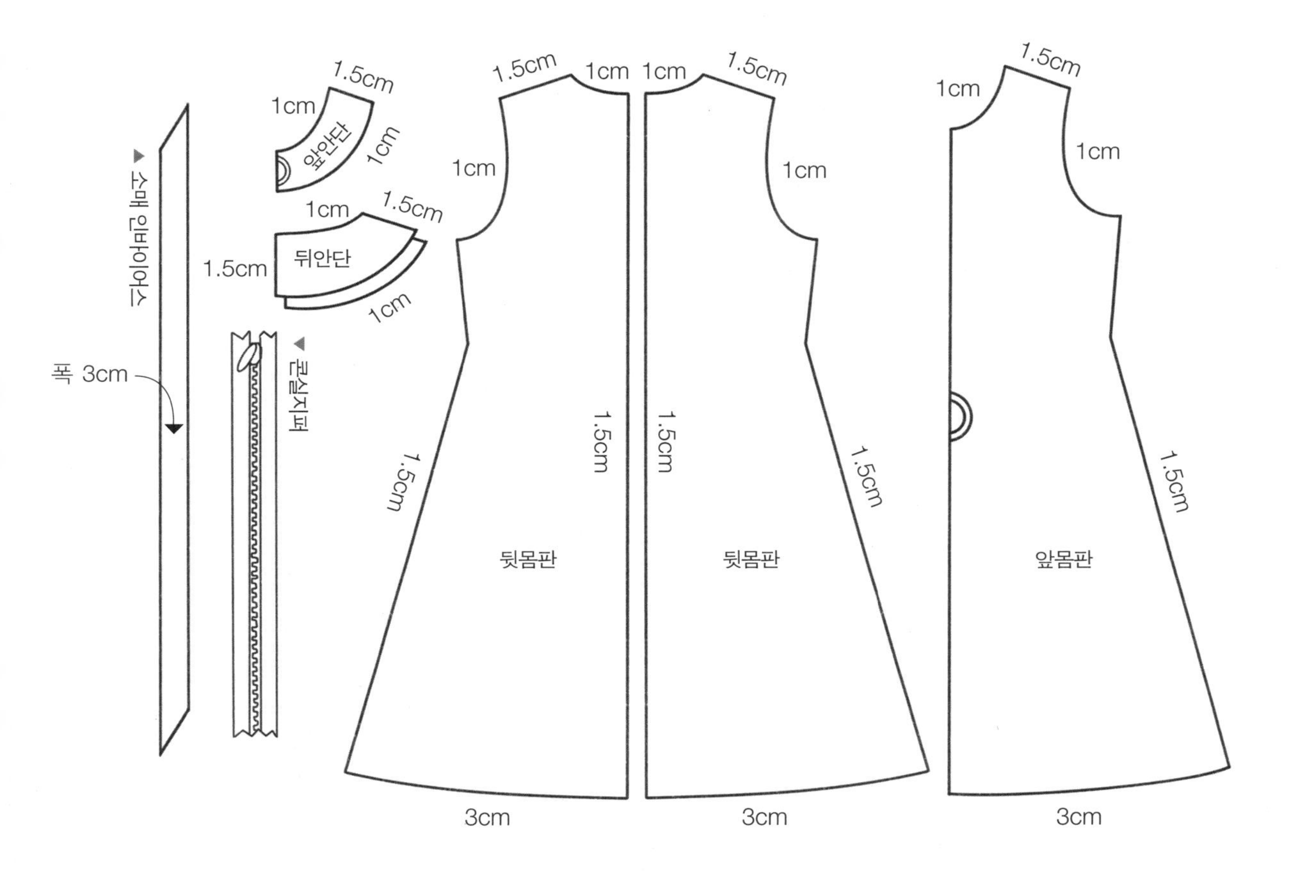

난이도	★★★★★
실물 패턴	D면
준비물	원단 대폭 3마, 실크 심지, 콘실지퍼
재단	앞몸판과 뒷몸판의 다트 줄 곳을 미리 표시한다.
사이즈	

슬림핏 기본 원피스	총장	가슴	어깨
44	108	90	33
55	109	94	34.5
66	110	98	36
77	111	102	37.5
88	112	106	39

알아야 할 팁

사전 작업 _ 실표뜨기 33p
심지 붙이기 34p

몸판 _ 다트 38p

소매 _ 인바이어스 64p

목둘레 _ 콘실지퍼+안단 69p

밑단 마감 79p

솔기 처리법 _ 가름솔 82p

바이어스 만들기 85p

1 앞몸판과 뒷몸판의 다트를 재봉한다. (33p, 38p 참고)

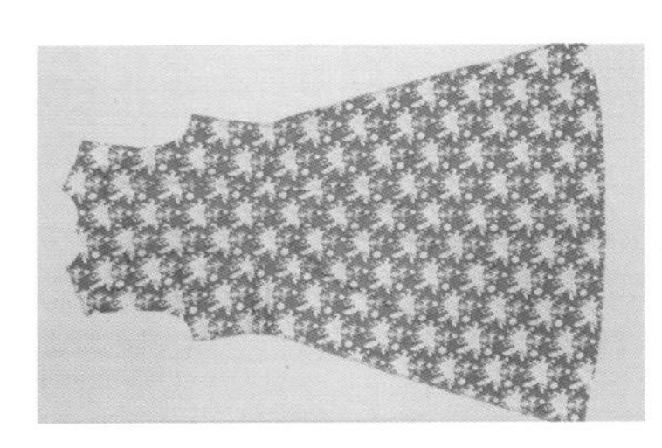

2 앞몸판의 어깨선과 옆선을 오버로크 한다.

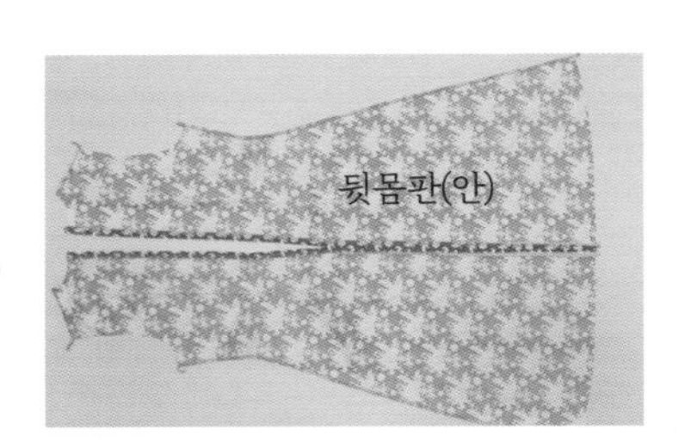

3 뒷몸판의 어깨선, 옆선, 뒷중심선을 오버로크한다. 뒷중심선 지퍼 표시 아랫부분을 재봉하고 가름솔 처리 한다. (82p 참고)

4 뒷중심선에 콘실지퍼를 달아 준다. (69p 참고)

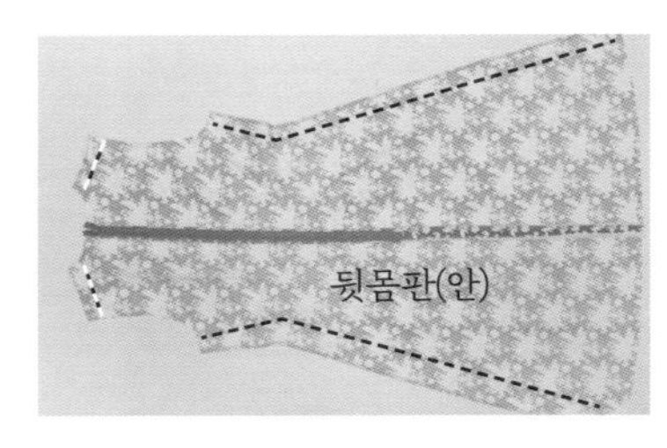

5 앞판과 뒤판을 겉끼리 맞대고 어깨선과 옆선을 재봉한다. 솔기는 가름솔 처리 한다.

진동둘레를 인바이어스로 마감한다. (64p, 85p 참고)

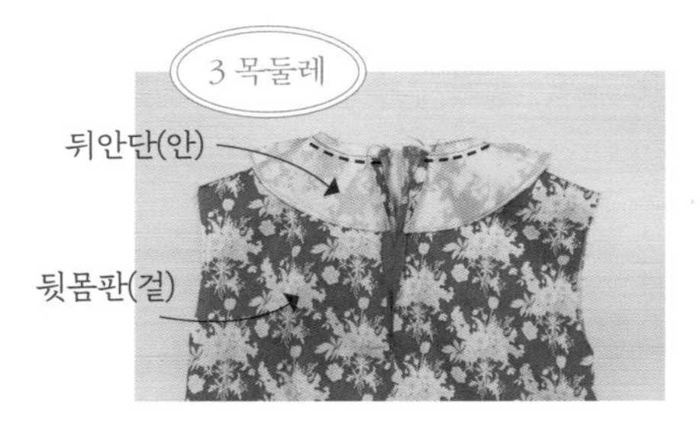

안단을 달아 준다. (34p, 69p 참고)

두 번 접어 다린 뒤 상침한다. (79p 참고)

- 민소매가 싫다면 129p 슬림핏 플레어 원피스의 소매를 달아도 된다.
- 허리 다트를 패턴보다 많이 잡으면 더 날씬해 보인다.

원피스
슬림핏 플레어

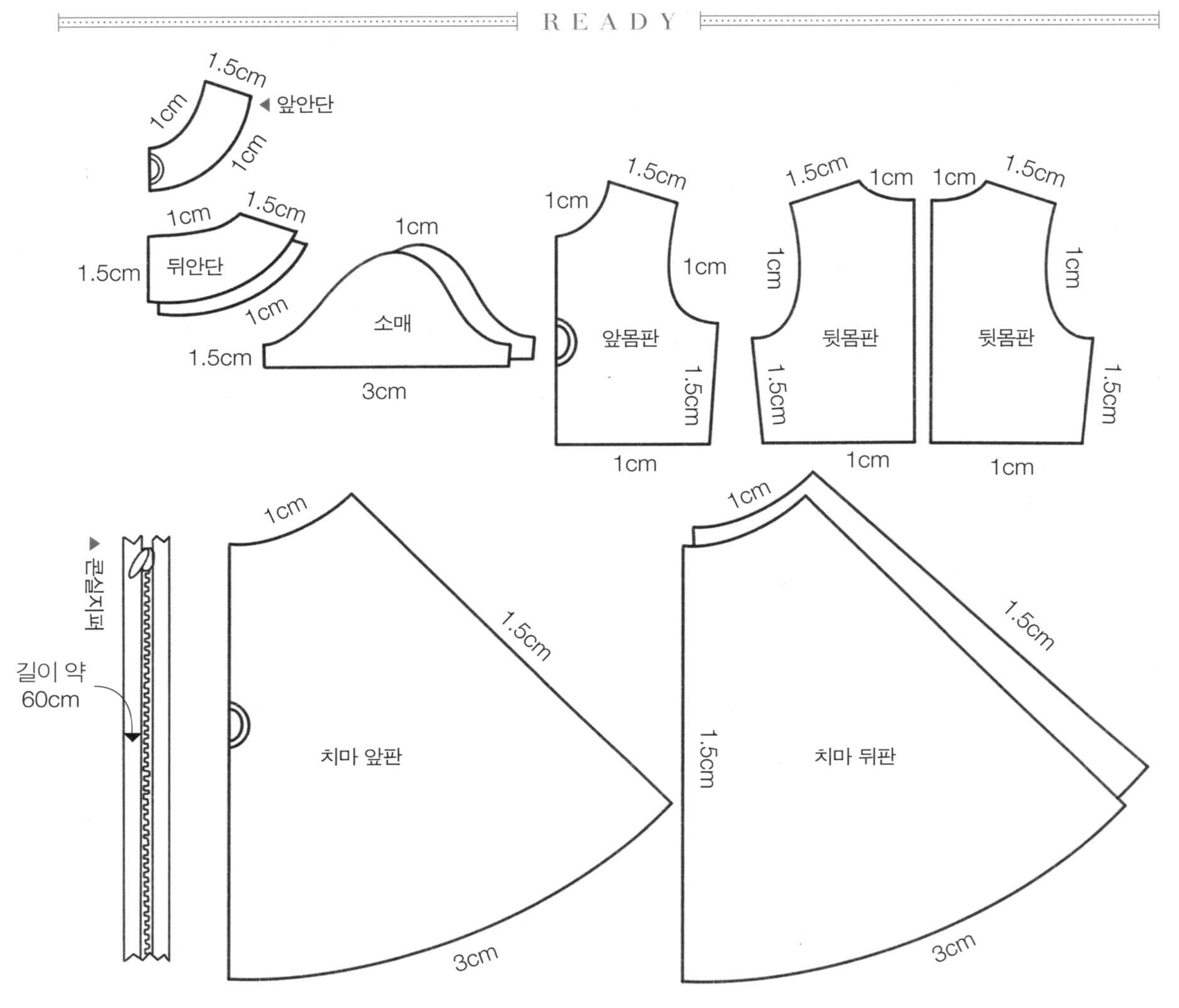

난이도	★★★★★
실물 패턴	D면
준비물	원단 대폭 3마, 실크 심지, 콘실지퍼
재단	치마는 원단을 사선으로 반 접어서 바이어스 방향으로 재단한다.

사이즈

슬림핏 플레어 원피스	총장	가슴	어깨	소매장(반팔)
44	108	90	33	15
55	109	94	34.5	16
66	110	98	36	17
77	111	102	37.5	18
88	112	106	39	19

알아야 할 팁

사전 작업 _ 실표뜨기 33p
심지 붙이기 34p
몸판 _ 다트 38p
소매 _ 이세 50p
소맷부리 시접 마감 53p
목둘레 _ 콘실지퍼+안단 69p
밑단 마감 79p
솔기 처리법 _ 가름솔 82p

1 몸판

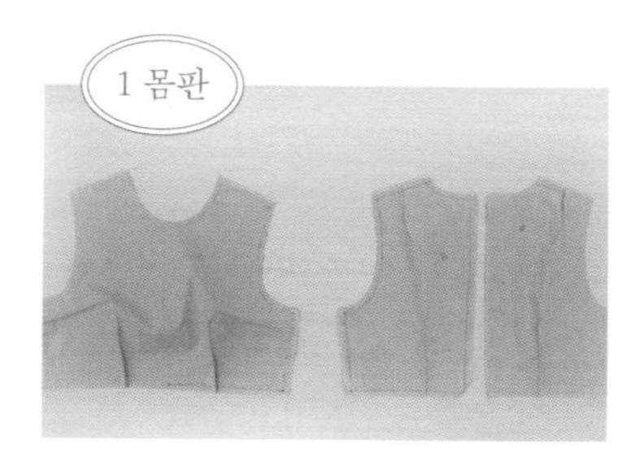

1 앞몸판과 뒷몸판의 다트를 재봉하고 (33p, 38p 참고) 어깨선, 옆선, 허리선을 오버로크한다.

2 치마 앞판의 옆선과 허리선을 오버로크한다.

3 앞몸판과 치마 앞판의 허리선을 재봉하여 앞판을 완성한다. 시접은 가름솔 처리 한다. (82p 참고)

4 치마 뒤판의 옆선과 허리선을 오버로크한다.

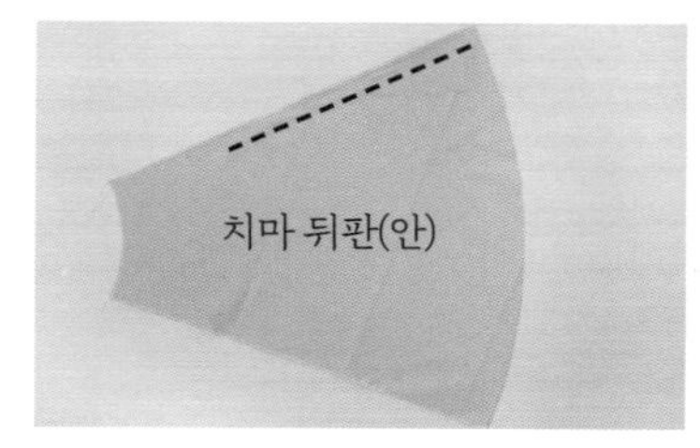

5 치마 뒤판을 겉끼리 맞대어 중심선을 재봉하되 콘실지퍼를 달 부분은 남겨 놓는다. 시접은 가름솔 처리 한다.

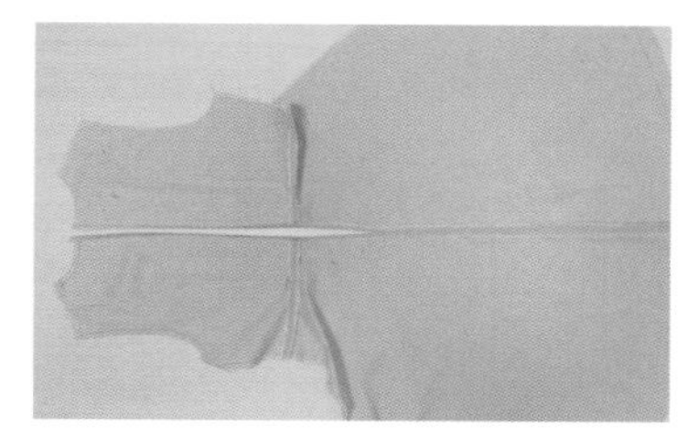

6 뒷몸판과 치마 뒤판의 허리선을 재봉하여 연결한다. 시접은 가름솔 처리 한다.

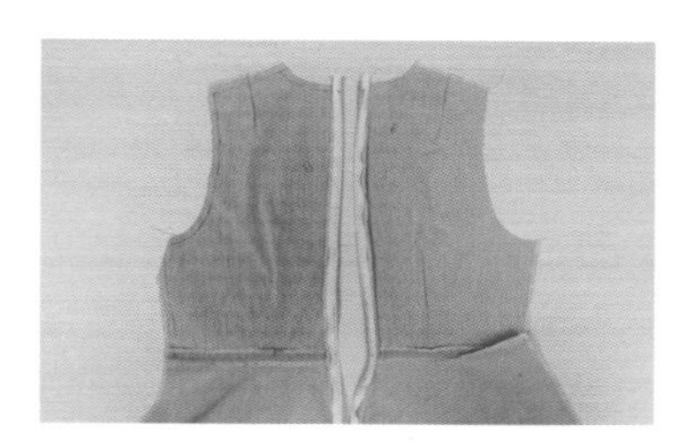

7 뒤판에 콘실지퍼를 달아 준다. (69p 참고)

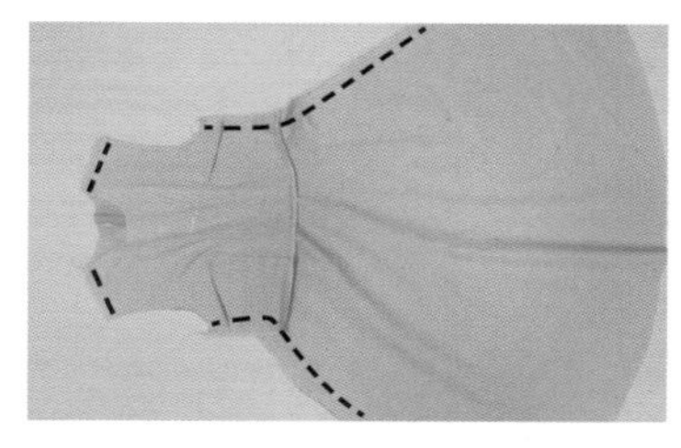

8 앞판과 뒤판을 겉끼리 맞대고 어깨선과 옆선을 재봉한다. 시접은 가름솔 처리 한다.

2 소매

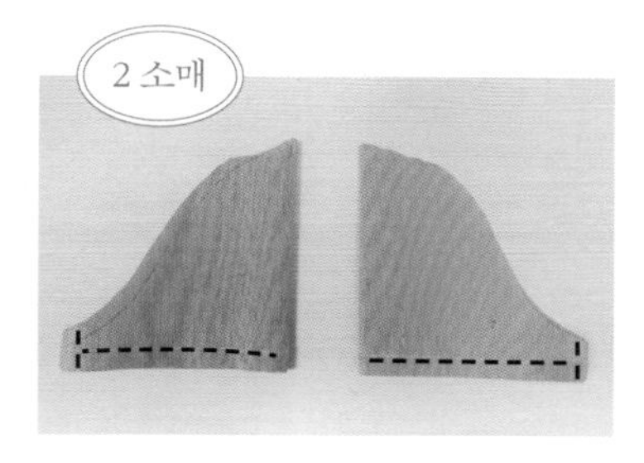

소매 옆선과 밑단을 재봉하고(53p 참고), 이세를 주어 몸판에 달아 준다. (50p 참고)

3 목둘레

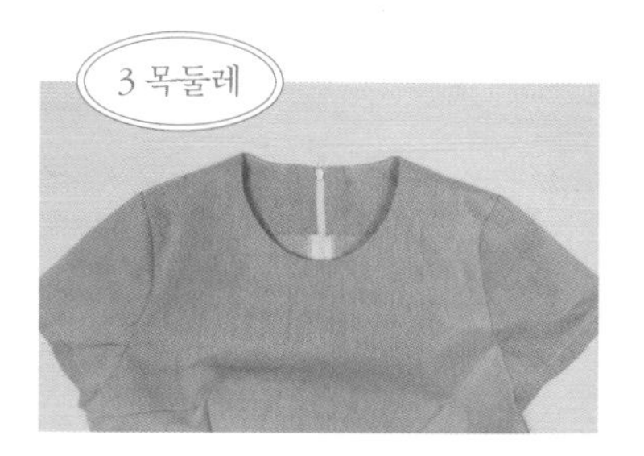

안단을 달아 준다. (34p, 69p 참고)

4 밑단

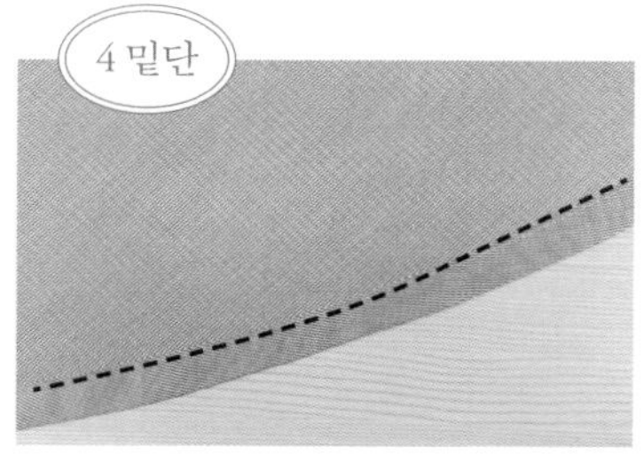

말아박기 또는 두 번 접어 상침한다. (79p 참고)

원피스
루즈핏 소매 주름

LESSON

14

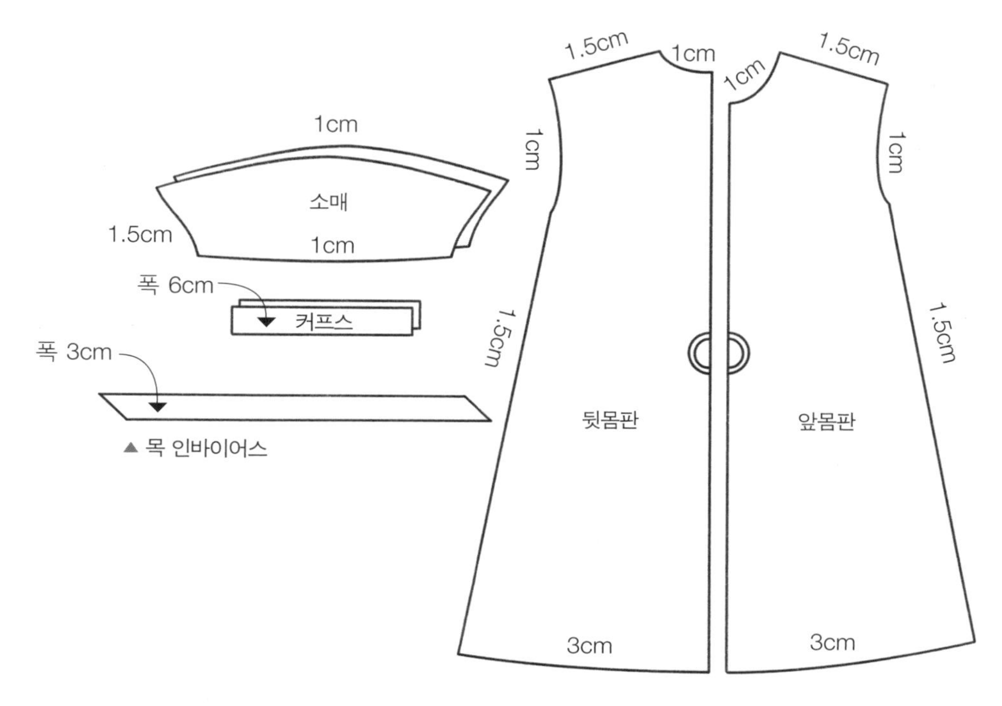

난이도	★★★
실물 패턴	C면
준비물	원단 대폭 3마, 실크 심지

사이즈

루즈핏 소매 주름 원피스	총장	가슴	어깨	소매장(반팔)
44	111	104	54.5	18
55	112	108	56	19
66	113	112	57.5	20
77	114	116	59	21
88	115	120	60.5	22

알아야 할 팁

몸판 _ 숨은 주머니 44p(생략 가능)
소매 _ 트임 없는 커프스 54p
목둘레 _ 인바이어스 64p
밑단 마감 79p
바이어스 만들기 85p

1 몸판과 소매

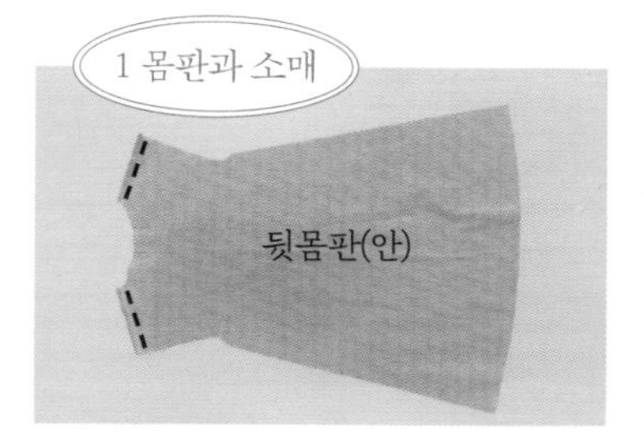

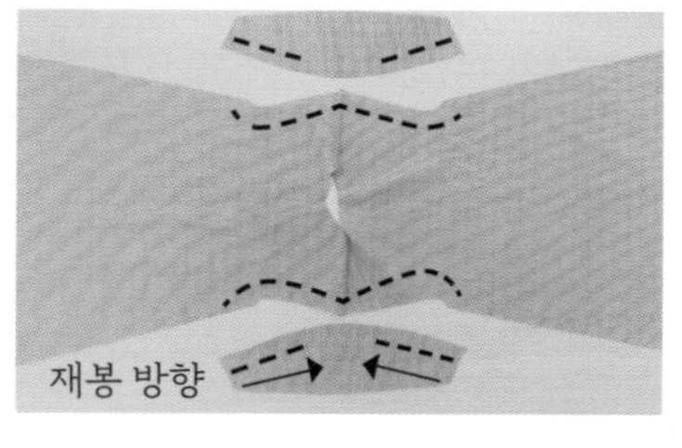

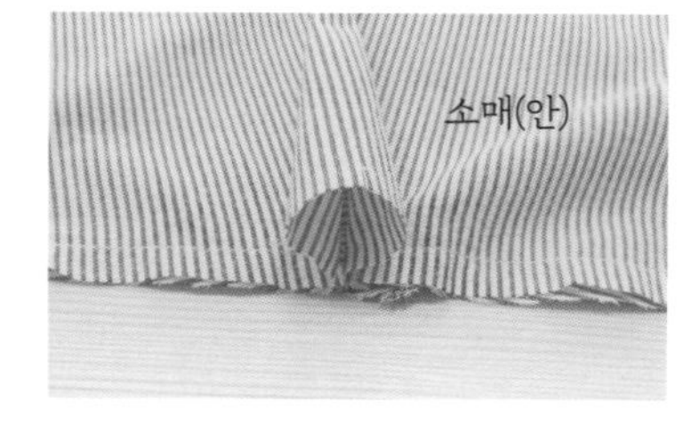

1 앞몸판과 뒷몸판을 겉끼리 맞대어 어깨선을 재봉하고 오버로크한다.

2 몸판을 펼치고 소매 좌우 짝을 맞춰 진동둘레에 연결한다. 이때 한 번에 재봉하는 것이 아니라 소매 끝에서 어깨선까지, 반대쪽 끝에서 어깨선까지 두 번에 걸쳐 재봉한다. 이렇게 하면 어깨선 부분에 재봉되지 않고 남은 부분이 생긴다.

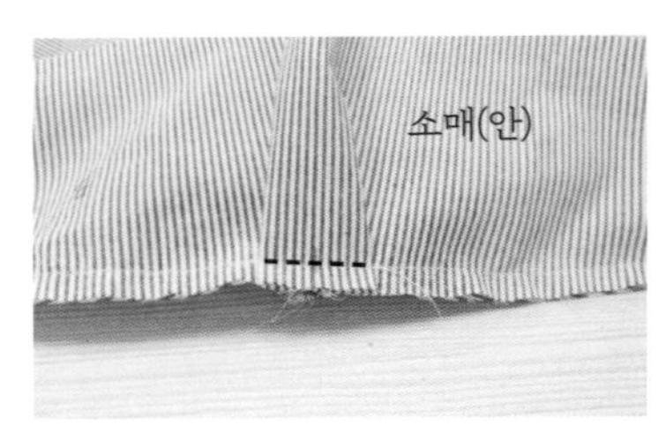

3 남은 부분을 맞주름 잡아 눌러 박는다.

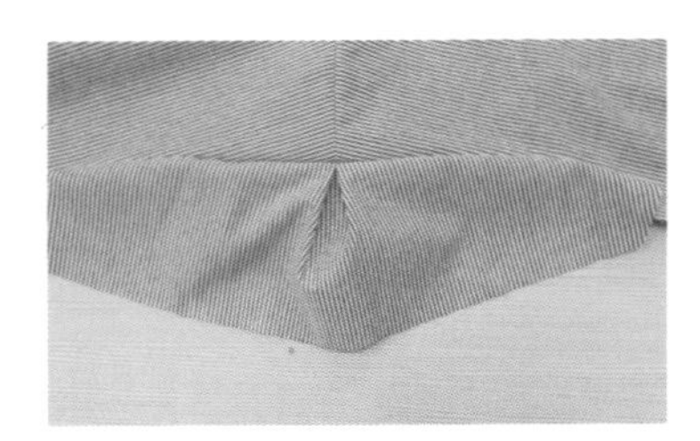

4 소매 달린 겉모습

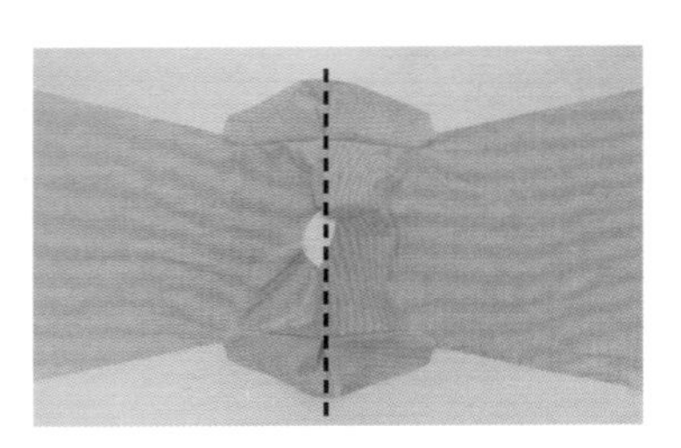

5 소매 중심을 기준으로 반을 접어 내리면 옷 모양이 된다.

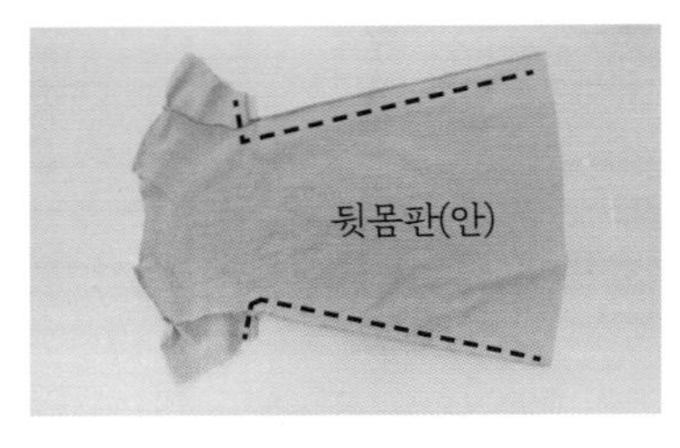

6 겉끼리 맞대어 소매와 몸판 옆선을 한 번에 재봉하고 오버로크한다.

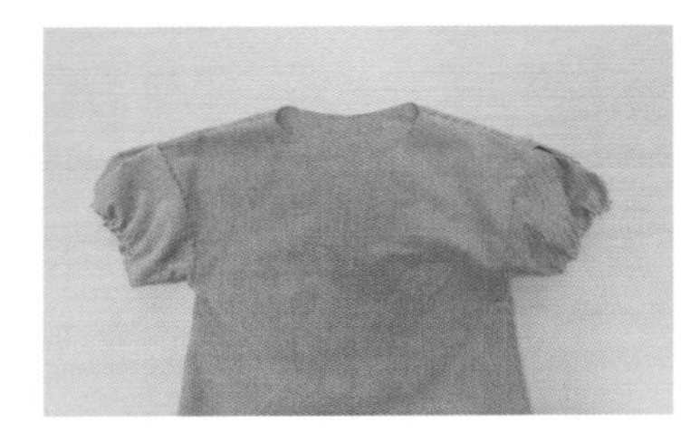

7 소매 끝단을 큰 땀으로 재봉하고 실을 당겨 주름을 만든다.

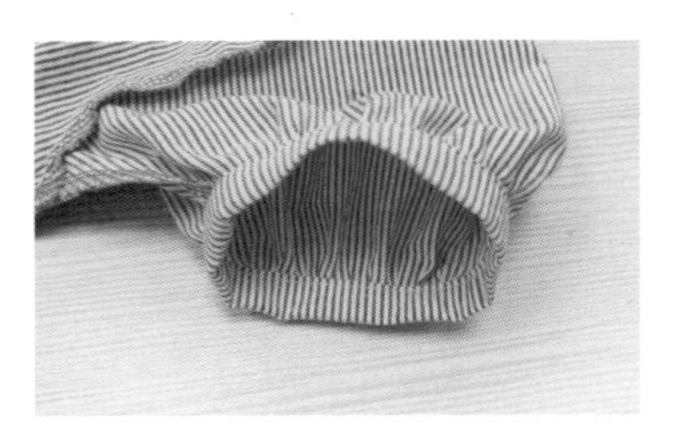

8 커프스를 달아 준다. (34p, 54p 참고) 커프스의 길이는 사람마다 편차가 커서 따로 제공하지 않았다. 이 책에서는 66사이즈 기준 시접포함 6×34cm로 재단하였다.

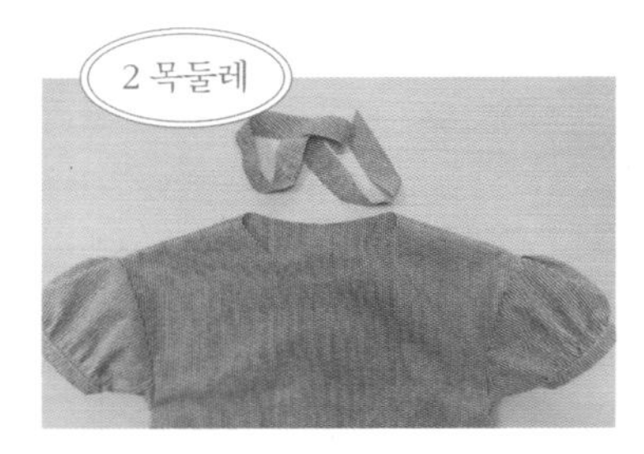

인바이어스를 둘러 마감한다. (64p, 85p 참고)

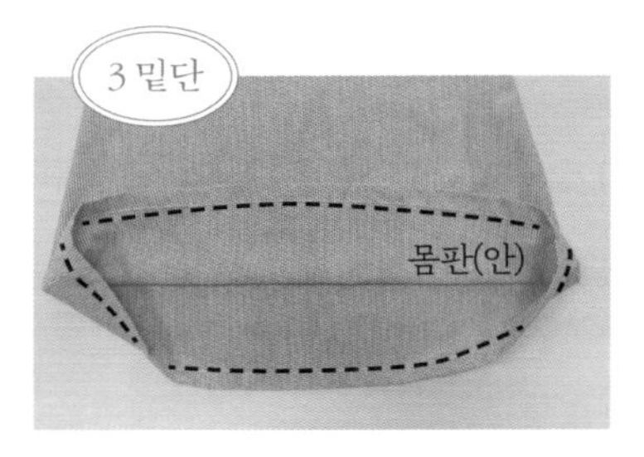

두 번 접어 다린 뒤 상침한다. (79p 참고)

실물 패턴에 표시된 블라우스 라인을 참고하여 총 길이를 수정하면 블라우스로 응용할 수 있다.

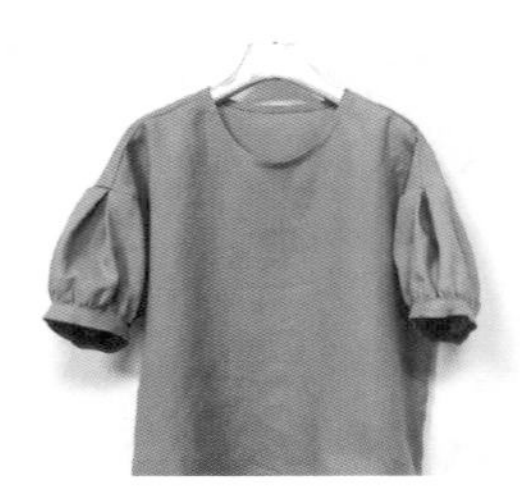

원피스
루즈핏 롱셔츠

LESSON

15

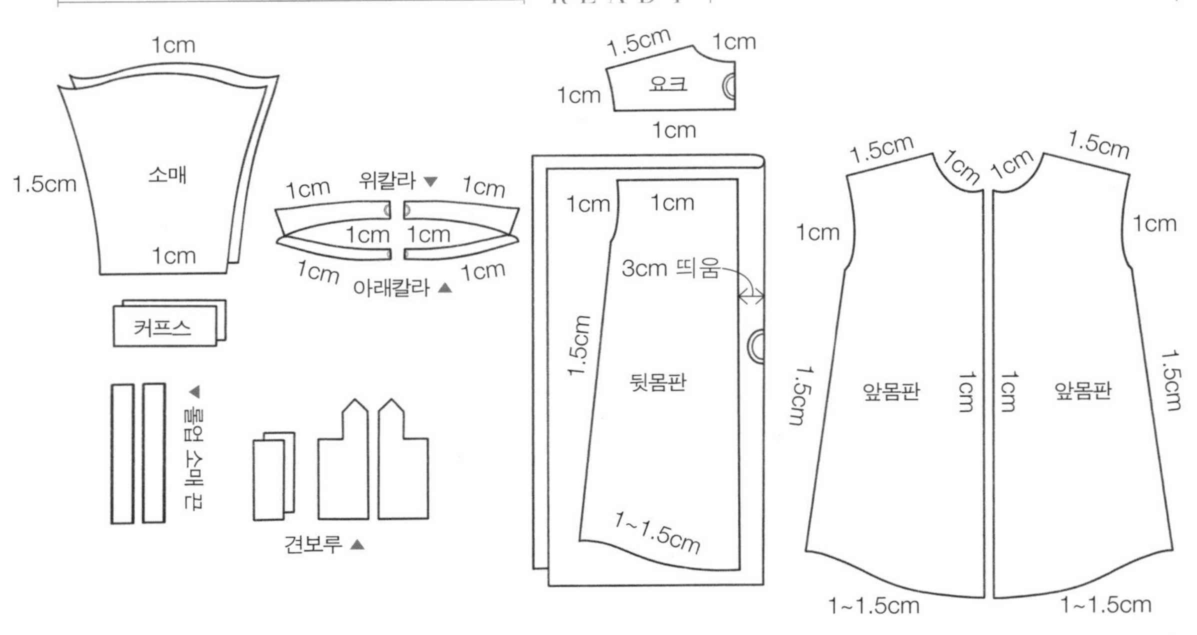

난이도	★★★★★
실물 패턴	C면
준비물	원단 대폭 3마, 실크 심지, 단추
재단	뒷몸판은 맞주름을 주기 위해 원단을 접은 골선에서 3cm 떨어진 곳에 패턴을 놓고 재단한다.

사이즈

루즈핏 롱셔츠 원피스	총장	가슴	어깨	소매장
44	109	104	54.5	47
55	110	108	56	48
66	111	112	57.5	49
77	112	116	59	50
88	113	120	60.5	51

알아야 할 팁

사전 작업 _ 심지 붙이기 34p

몸판 _ 요크 40p

소매 _ 트임 있는 커프스 55p
견보루 56p
롤업 소매 58p(생략 가능)

목둘레 _ 전면 다 트임 75p
셔츠칼라 77p

밑단 _ 말아박기 80p

단춧구멍 만들기 86p

단추 달기 86p

1 몸판과 소매

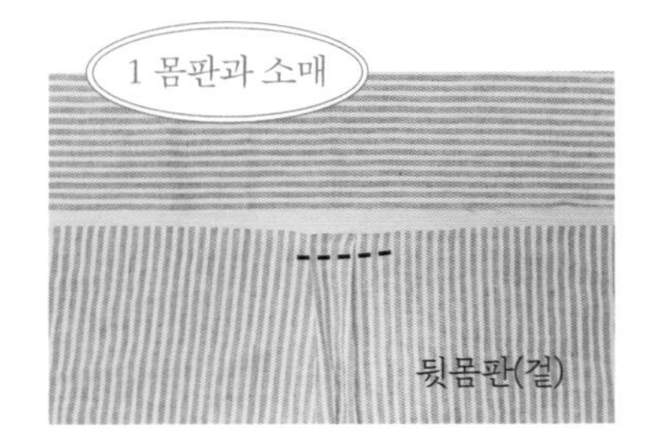

1 뒷몸판 중심에 맞주름을 주어 재봉하고 요크 밑단 길이와 같은지 확인한다.

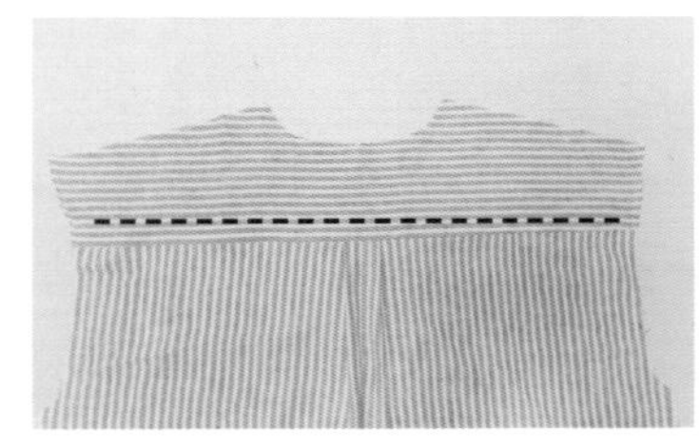

2 뒷몸판과 요크를 겉끼리 맞대어 재봉하고 오버로크한다.(40p 참고)

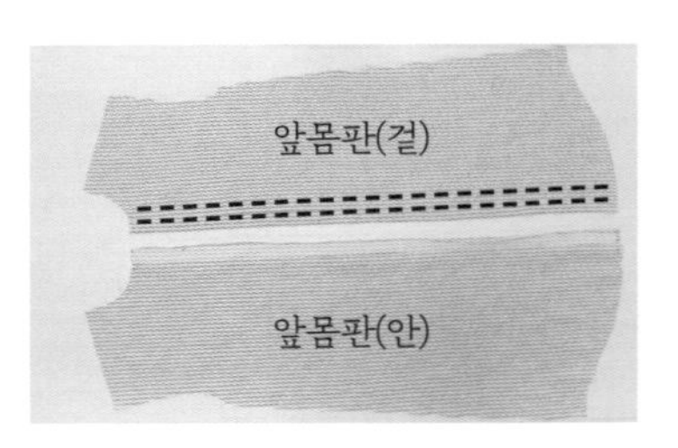

3 앞중심 여밈분에 심지를 붙이고(34p 참고), 1cm 접고 여밈분만큼 또 접어 다린다. 접은 선 안쪽으로 두 줄 상침한다. (75p 참고)

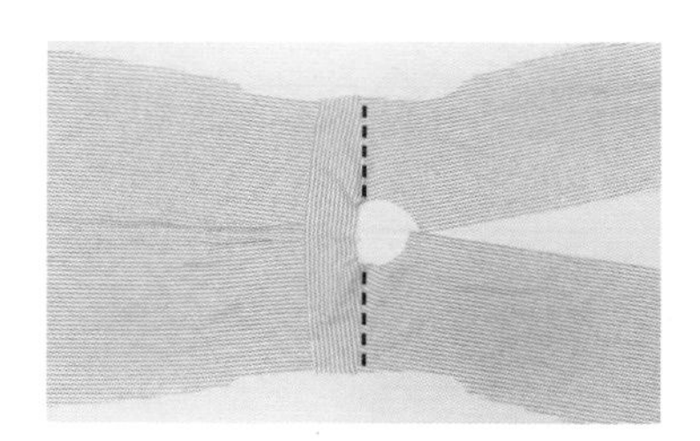

4 앞몸판과 뒷몸판을 겉끼리 맞대어 어깨선을 재봉하고 오버로크한다.

5 소맷부리에 외주름을 준다.

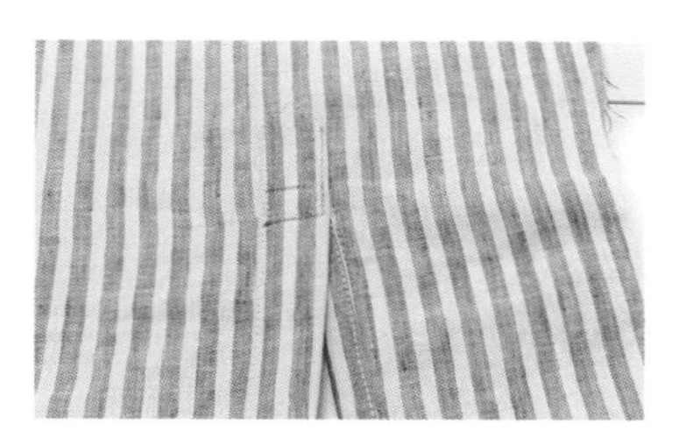

6 소맷부리 트임에 견보루를 단다.(56p 참고)

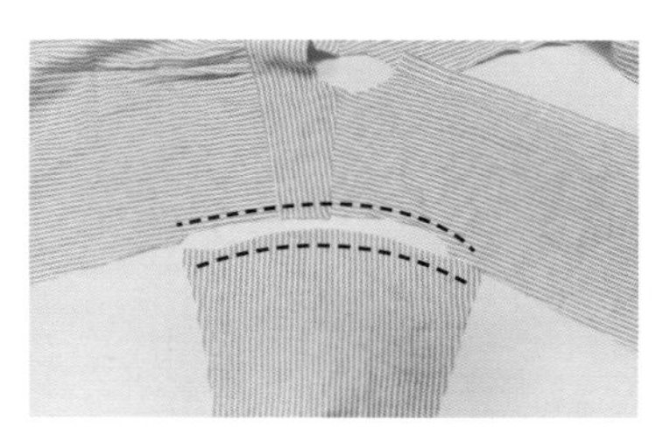

7 몸판과 소매를 겉끼리 맞대어 재봉한 후 오버로크한다.

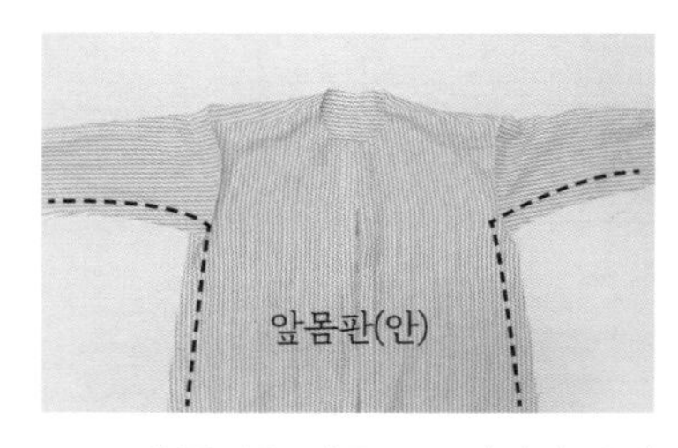

8 소매 중심을 기준으로 겉끼리 맞대어 반 접어 내린다. 이후 소매와 옆선을 한 번에 재봉하고 오버로크한다.

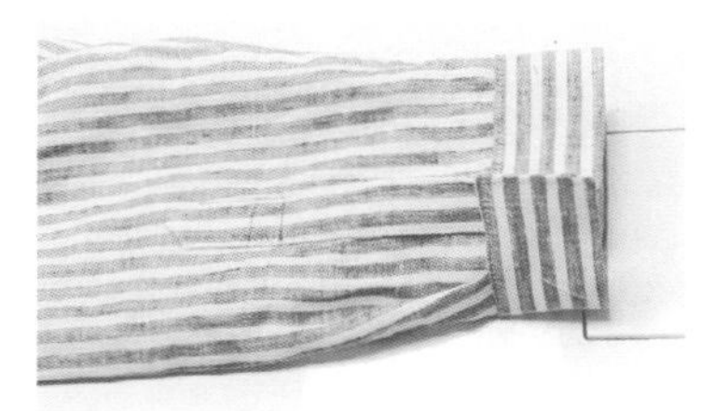

9 소매에 커프스를 만든 후(34p, 55p 참고) 단춧구멍을 뚫고 단추를 단다.(86p 참고)

10 소매를 걷어 단추로 고정하고 싶다면 롤업 소매를 만든다. (58p 참고, 생략 가능)

셔츠칼라를 달아 준다. (77p 참고)

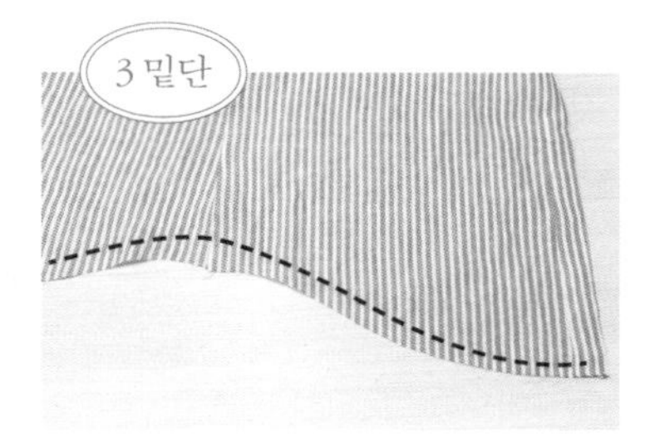

말아박기로 마무리한다. (80p 참고)

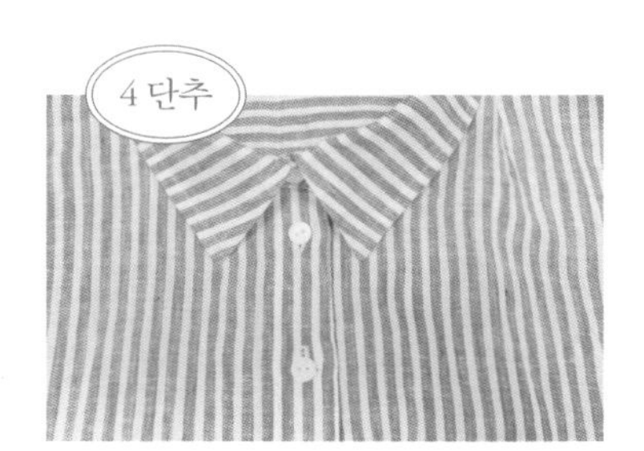

앞여밈분에 단춧구멍을 만들고 단추를 달아 준다. (86p 참고)

원피스 루즈핏 프릴 셔츠

LESSON

16

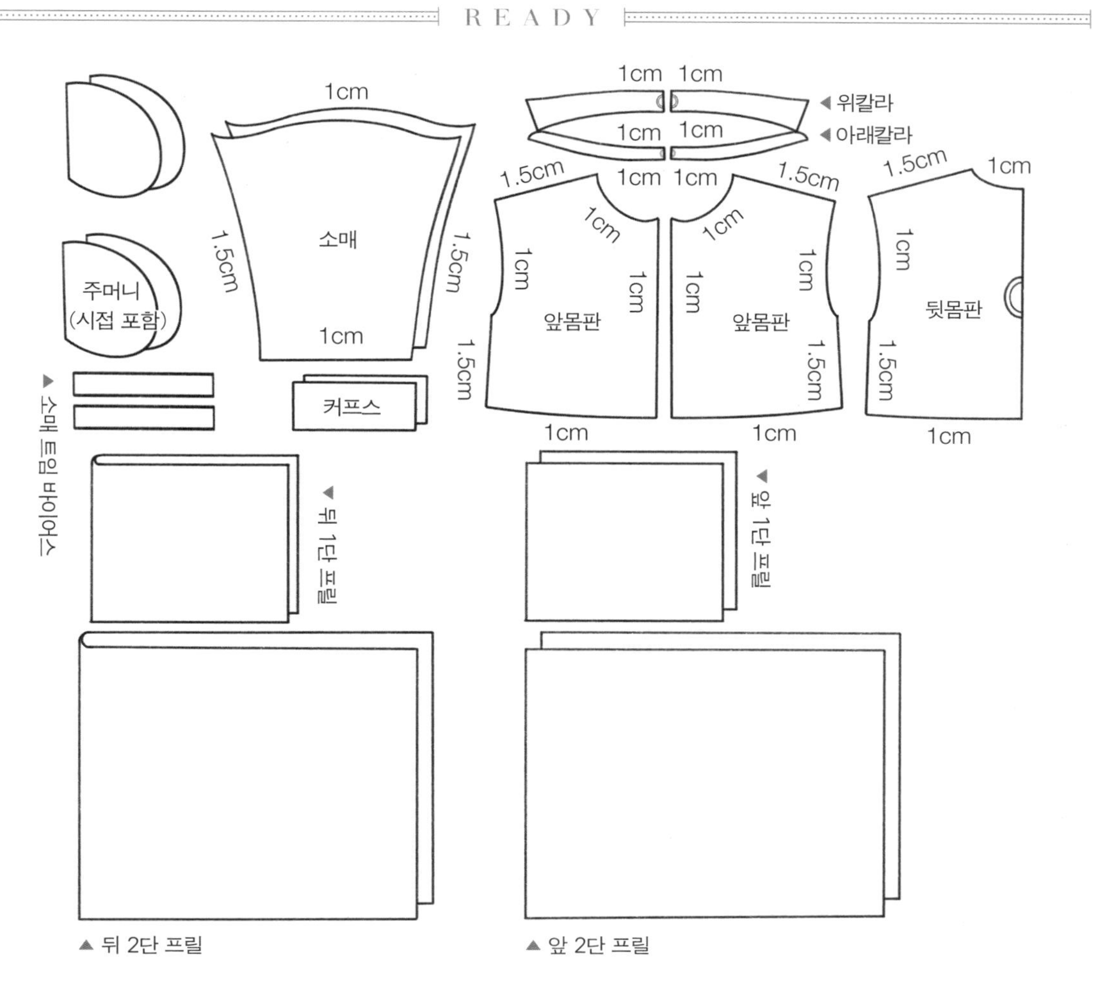

앞판 프릴 사이즈	44	55	66	77	88
위(2장, 가로×세로, cm)	52×25	53×26	54×27	103×38	56×29
아래(2장, 가로×세로, cm)	80×45	81.5×46	83×47	84.5×48	86×49

뒤판 프릴 사이즈	44	55	66	77	88
위(1장, 가로×세로, cm)	94×25	96×26	98×27	100×28	102×29
아래(1장, 가로×세로, cm)	149×45	152×46	155×47	158×48	161×49

난이도 ★★★★★

실물 패턴 C면

준비물 원단 대폭 3마, 실크 심지, 단추

사이즈

루즈핏 프릴 셔츠 원피스	총장	가슴	어깨	소매장
44	111	104	54.5	47
55	113	108	56	48
66	115	112	57.5	49
77	117	116	59	50
88	119	120	60.5	51

알아야 할 팁

사전 작업 _ 심지 붙이기 34p
몸판 _ 주름 43p
숨은 주머니 44p(생략 가능)
소매 _ 트임 있는 커프스 55p
목둘레 _ 셔츠칼라 77p
밑단 마감 79p
단춧구멍 만들기 86p
단추 달기 86p

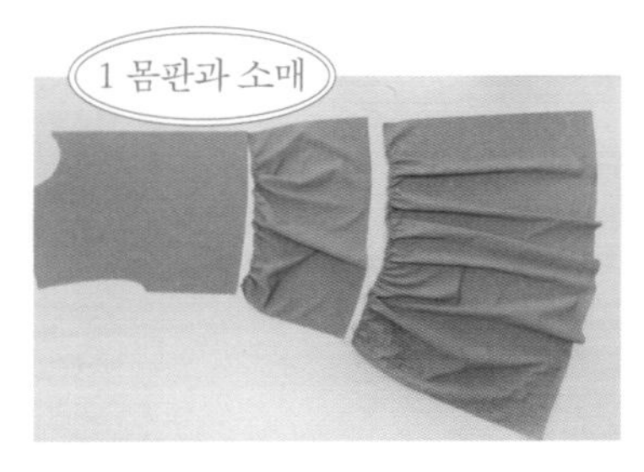

1 치마프릴 앞판 위쪽을 큰 땀으로 재봉하고 실을 잡아당겨 주름을 만든다. (43p 참고)

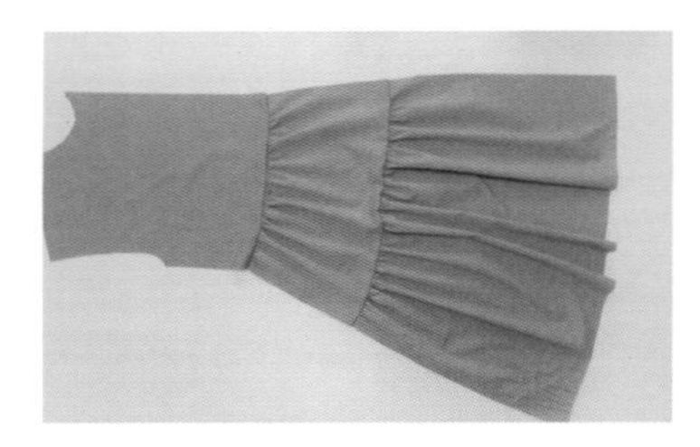

2 주름을 균일하게 배분하며 앞몸판과 1단 프릴, 1단 프릴과 2단 프릴을 연결한 후(이때 앞중심 여밈분과 시접 부분은 주름을 잡지 않는다) 오버로크한다.

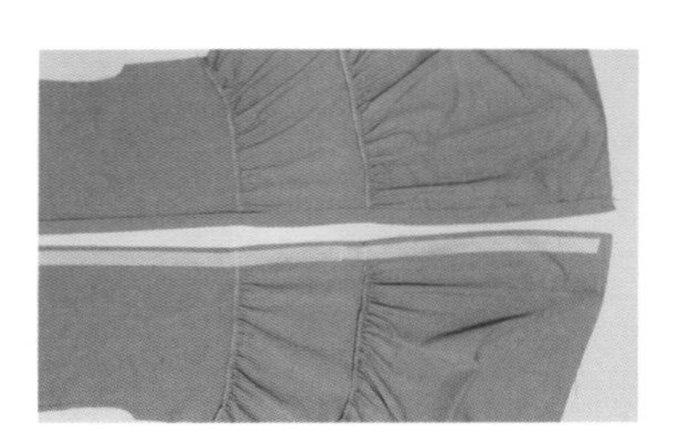

3 앞여밈분에 심지를 붙인 후(34p 참고), 1cm 접고 여밈분만큼 또 접어 다린다.

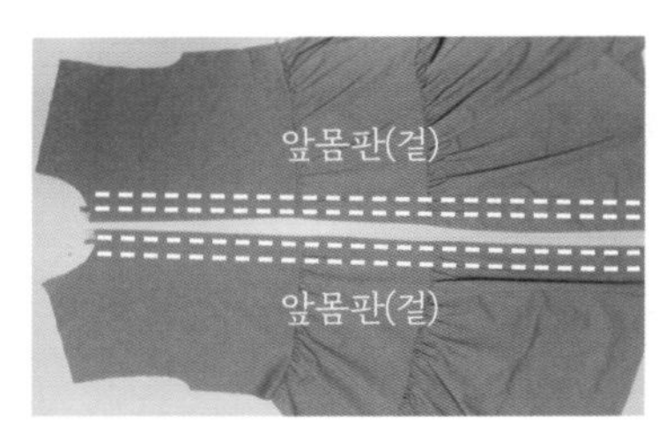

4 앞여밈분에 시접 0.1cm, 2.9cm로 두 줄 상침한다.

5 뒷몸판에도 치마프릴을 연결하고 오버로크한다.

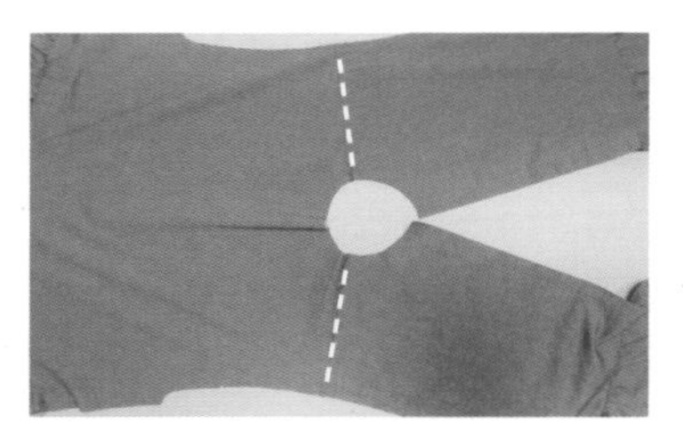

6 앞몸판과 뒷몸판을 겉끼리 맞대어 어깨선을 재봉하고 오버로크한다.

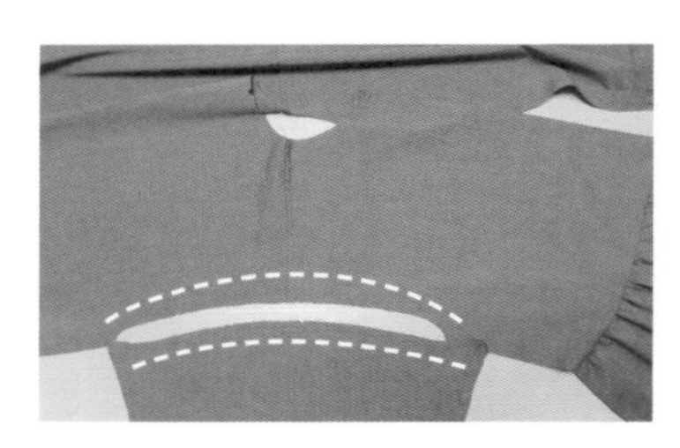

7 몸판과 소매를 겉끼리 맞대어 재봉한 후 오버로크한다.

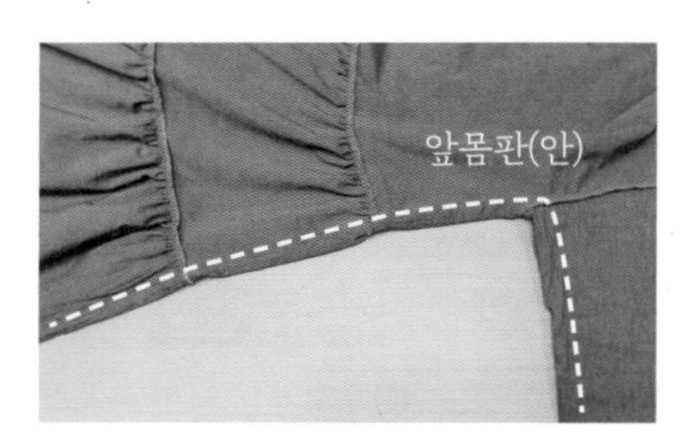

8 소매 중심을 기준으로 반 접어 내리면 옷 모양이 된다. 겉끼리 맞대어 소매와 몸판 옆선을 한 번에 재봉하고 오버로크한다.

9 소맷부리에 트임을 주고 주름 잡아 커프스를 연결한다. (34p, 55p 참고) 단춧구멍을 만들고 단추를 단다.(86p 참고)

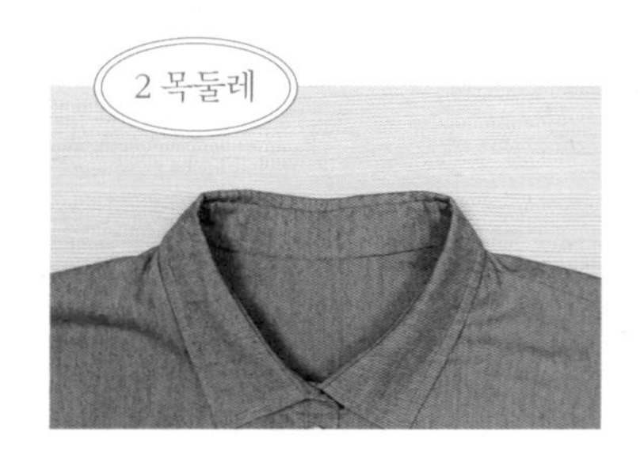

셔츠칼라를 달아 준다. (77p 참고)

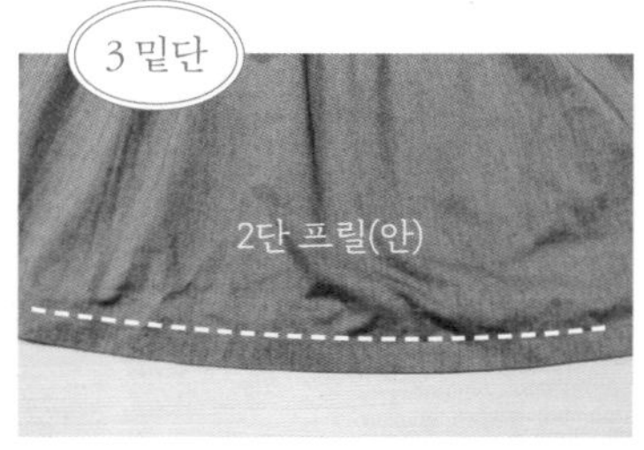

두 번 접어 다린 뒤 재봉한다. (79p 참고)

앞여밈분에 단춧구멍을 만들고 단추를 달아 준다. (86p 참고)

밴딩 스커트

LESSON

17

READY

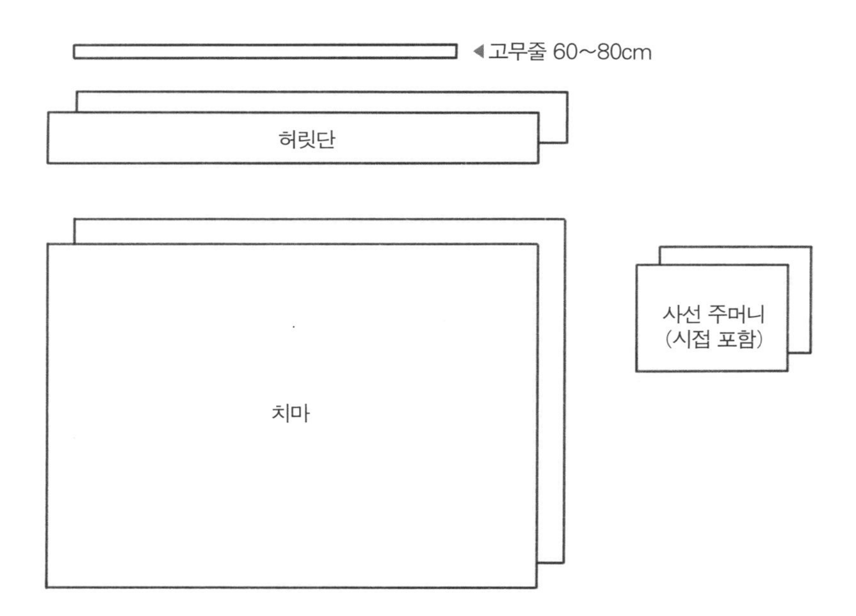

난이도	★
실물 패턴	A면 사선 주머니
준비물	원단 대폭 2마, 고무줄
재단	직사각형 패턴이므로 표의 사이즈를 참고해 직접 그린다. 사선 주머니는 실물 패턴을 참고하자.

알아야 할 팁 몸판 _ 사선 주머니 46p
밑단 마감 79p

사이즈

밴딩 스커트	총장
44	66
55	67
66	68
77	69
88	70

치마 사이즈(2장)	44	55	66	77	88
가로×세로(cm, 시접 포함)	90×70	93×71	96×72	99×73	102×74

허릿단 사이즈(2장)	44	55	66	77	88
가로×세로(cm, 시접 포함)	90×10	93×10	96×10	99×10	102×10

1 앞판에 사선 주머니를 단다. (46p 참고, 생략 가능) 이 책에서는 구별을 위해 다른 원단을 사용했으나, 실제로는 같은 원단을 사용하는 것이 좋다.

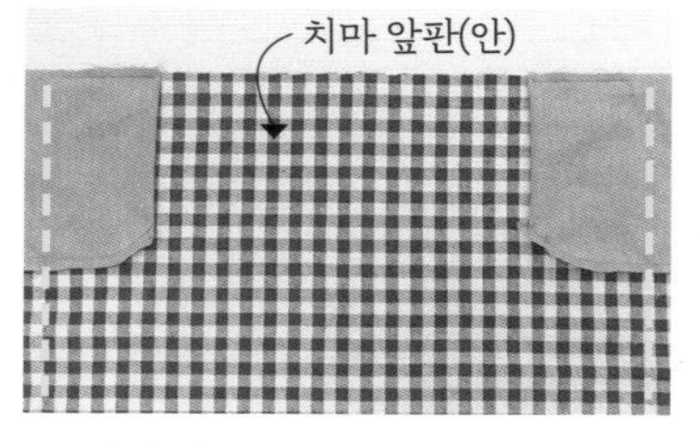

2 치마 앞판과 뒤판을 겉끼리 맞대고 옆선을 재봉한 뒤 오버로크한다.

3 허릿단 2장을 겉끼리 맞대고 옆선을 재봉한다.

4 3에서 허릿단 한쪽 옆선의 일부는 재봉하지 않는다.

5 허릿단을 반 접어 다리고, 한쪽 가장자리는 1cm 또 접어 다린다.

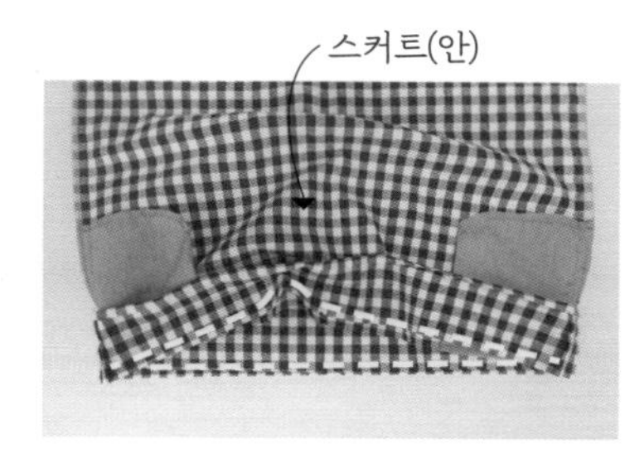

6 스커트의 안쪽 면과 허릿단의 접어 다리지 않은 쪽 겉면을 맞대고 한 바퀴 재봉한다.

7 미리 다림질한 대로 접으면 허릿단의 접어 다린 부분이 치마 겉면에 놓인다. 원단이 밀리지 않도록 주의하며 그대로 상침한다.

8 고무줄에 옷핀을 끼워 준비한다.

9 4에서 재봉하지 않고 남긴 허릿단 옆면으로 고무줄을 넣는다.

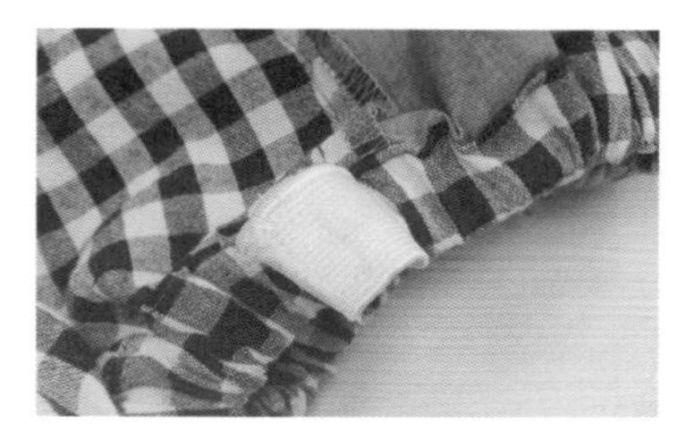

10 고무줄을 겹치게 놓고 재봉하여 연결한다.

11 고무줄을 넣었던 구멍은 공그르기로 막는다.

12 밑단 시접을 1.5cm씩 두 번 접어 재봉한다.(79p 참고)

- 고무줄 길이는 '허리둘레-7~9cm' 정도가 적당하다. 하지만 고무줄의 탄성과 각자의 기호가 있으므로 고무줄을 넉넉하게 준비하여 직접 입어 보고 길이를 결정하는 것이 좋다.
- 밴딩 스커트를 입다 보면 고무줄이 꼬이는 경우가 있다. 완성 후 허릿단 양쪽 옆선에서 세로로 재봉하면 고무줄이 꼬이는 것을 막을 수 있다. 고무줄을 넣은 구멍의 좌우 원단을 살짝 겹쳐 박으면 과정 11의 공그르기를 생략해도 된다.

민소매 핀턱 튜닉

LESSON

18

READY

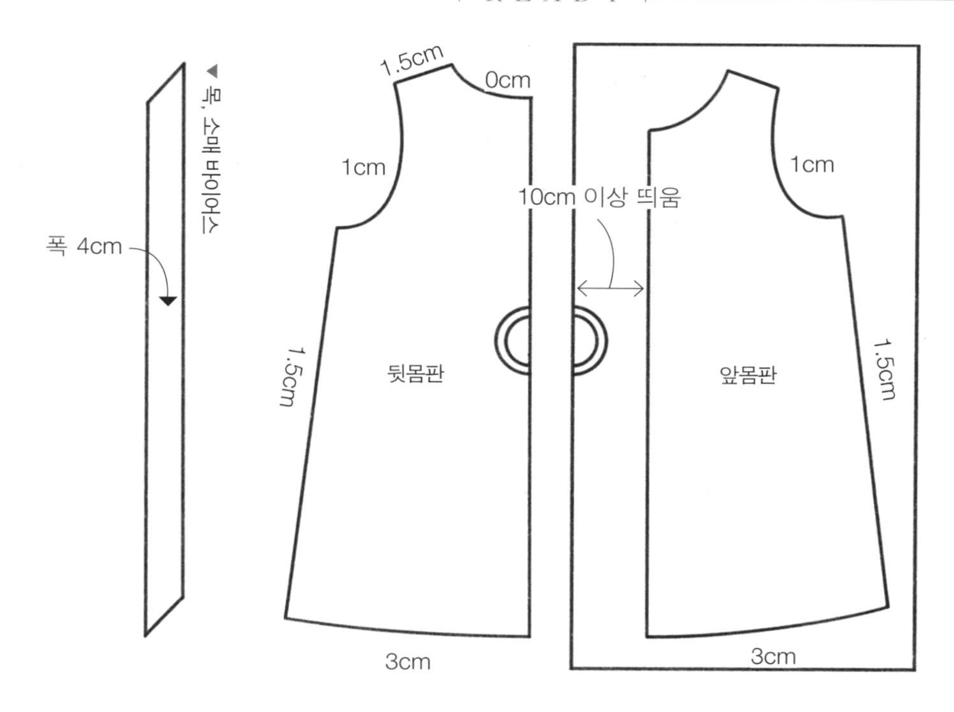

난이도	★★★			
실물 패턴	D면			
준비물	원단 대폭 2.5마			
사이즈	민소매 핀턱 튜닉	총장	가슴	어깨
	44	89	94	33.5
	55	90	98	35
	66	91	102	36.5
	77	92	106	38
	88	93	110	39.5

알아야 할 팁	
	몸판 _ 핀턱 41p
	소매, 목둘레 _ 바이어스 62p
	밑단 마감 _ 옆트임 81p
	솔기 처리법 _ 가름솔 82p
	바이어스 만들기 85p

1 몸판

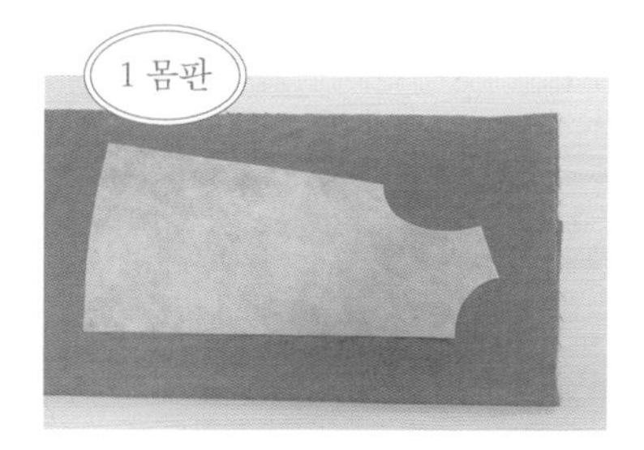

1 앞몸판은 재단하지 않고, 골선 중심에서 10cm 이상 떨어진 곳에 패턴을 놓을 수 있도록 큰 직사각형으로 준비한다.

2 앞몸판 중심에 일정한 간격으로 선을 긋고 핀턱을 잡는다.(41p 참고)

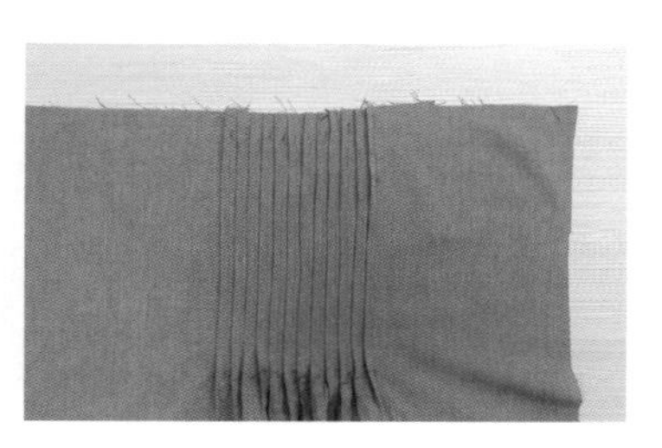

3 여기에서는 2.5cm 간격으로 선을 그리고 0.5cm 겹쳐서 재봉했다.

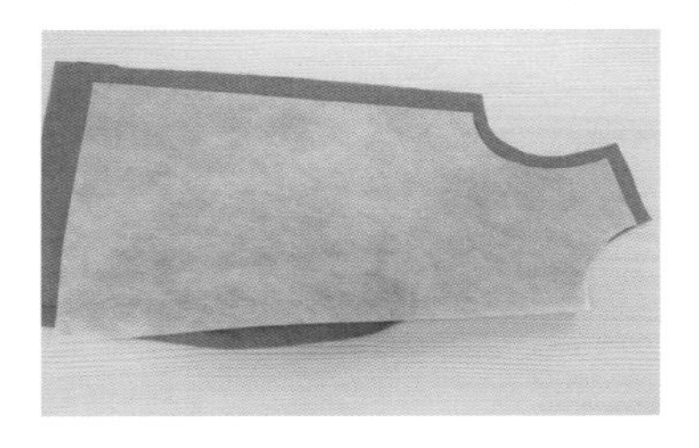

4 패턴을 대고 정재단한다. 목둘레는 바이어스 마감을 위해 시접을 주지 않는다.

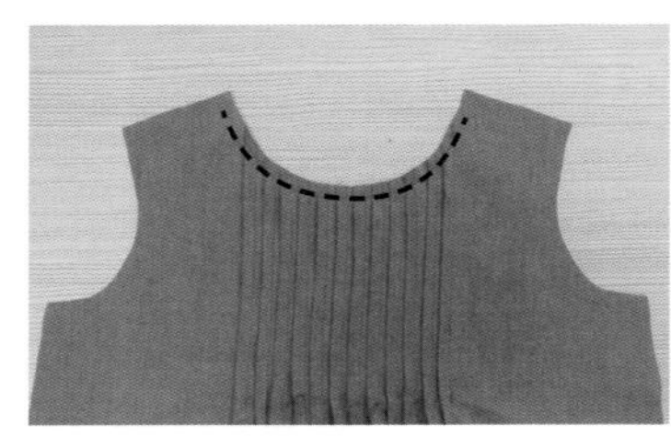

5 목둘레 주변의 핀턱이 풀리지 않게 시접 0.8cm 로 상침해 둔다.

6 앞몸판과 뒷몸판의 옆선과 어깨선을 오버로크한다.

7 앞몸판과 뒷몸판을 겉끼리 맞대고 어깨선과 옆선을 재봉한다. 옆선은 트임 주는 곳까지만 재봉한다. 시접을 가름솔 처리 한다.(82p 참고)

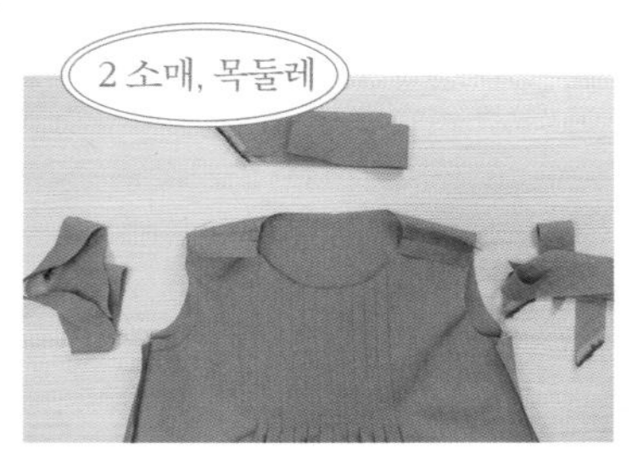

1 목둘레와 진동둘레에 바이어스를 두른다. (62p, 85p 참고) 진동둘레는 인바이어스로 마감해도 되지만, 목둘레는 핀턱 때문에 두꺼워져서 바이어스가 더 좋다.

2 목둘레와 진동둘레 마감한 모습

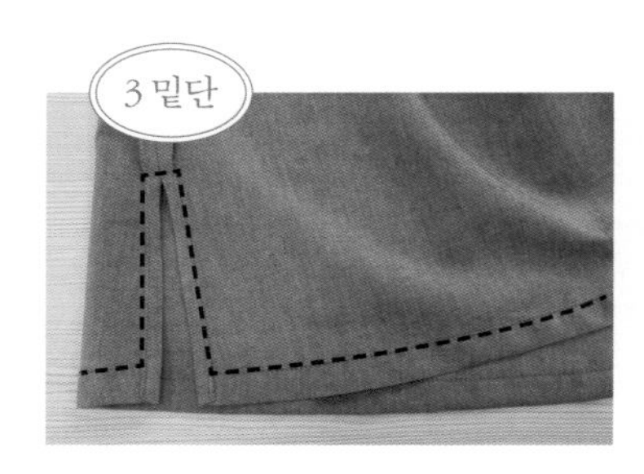

1 옆선 시접을 두 번 접고 상침하여 트임을 준다. (81p 참고)

2 옆트임 준 겉모습

튜닉

기본적인 웃옷을 통칭하는 말로 쓰였으나, 최근에는 허리 밑까지 길게 내려오는 넉넉한 블라우스를 뜻하기도 한다.

프릴 블라우스

LESSON

19

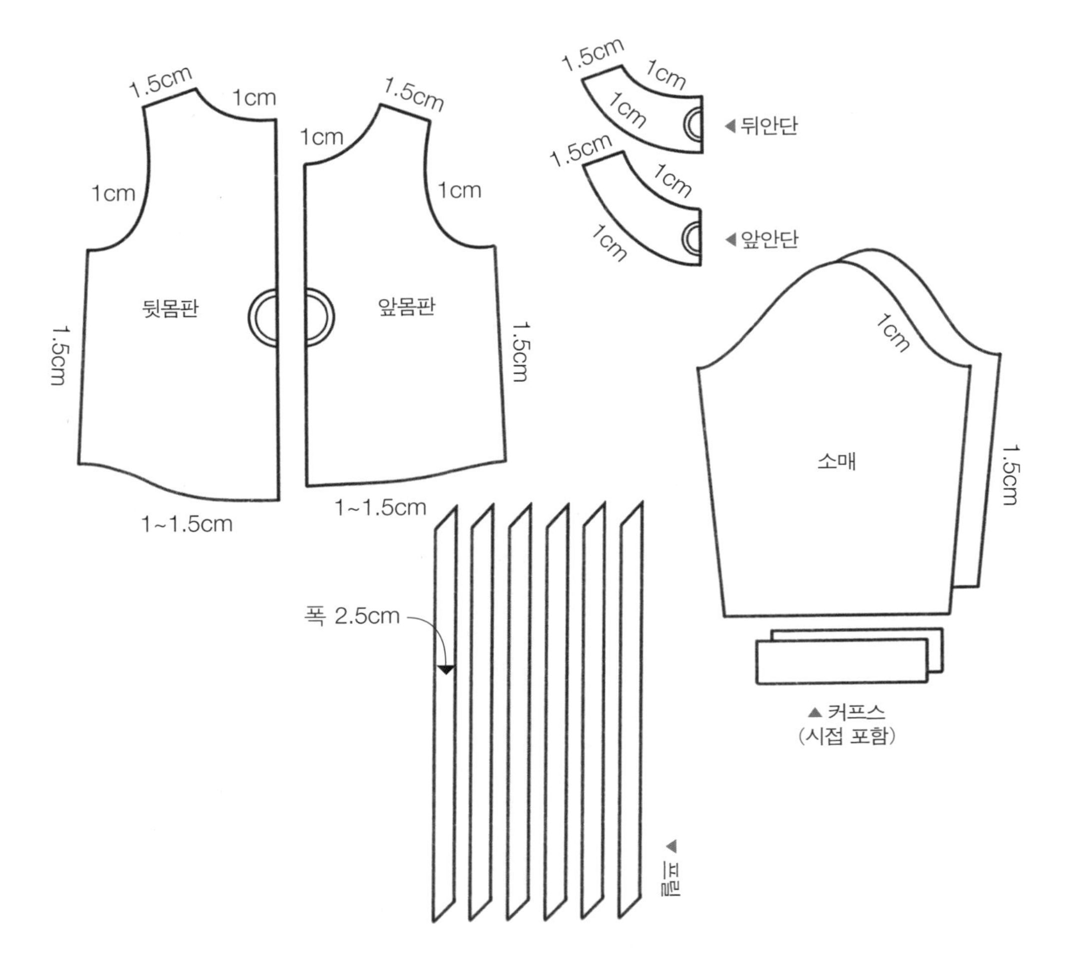

난이도	★★★★
실물 패턴	B면
준비물	원단 대폭 2마, 실크 심지, 단추

사이즈

프릴 블라우스	총장	가슴	어깨	소매장
44	63	100	35	58
55	64	104	36.5	59
66	65	108	38	60
77	66	112	39.5	61
88	67	116	41	62

알아야 할 팁

사전 작업 _ 심지 붙이기 34p
몸판 _ 프릴 42p
소매 _ 퍼프 소매 51p
트임 있는 커프스 55p
목둘레 _ 뒤트임 안단 68p
밑단 마감 _ 말아박기 79p
솔기 처리법 _ 가름솔 82p
바이어스 만들기 85p
천루프(단추 고리) 만들기 85p
단추 달기 86p

1 몸판

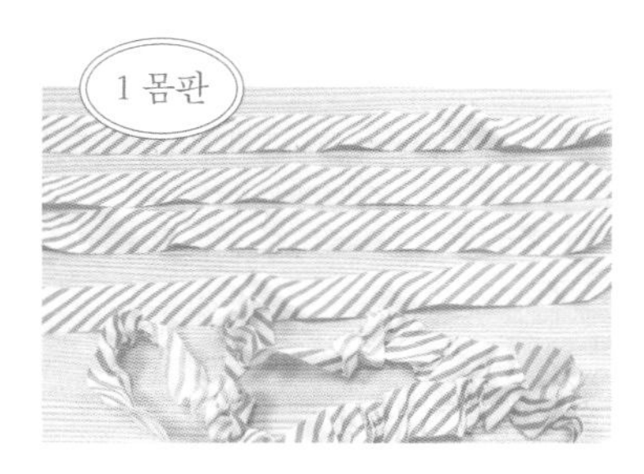

1 폭 2~2.5cm의 바이어스를 많이 만들고 주름을 잡는다. (42p, 85p 참고)

2 앞몸판 겉면에 프릴을 주고 싶은 만큼의 선을 그린다. (간격은 바이어스의 폭과 동일, 길이는 20cm 내외, 개수는 6~8개 정도로 준다.)

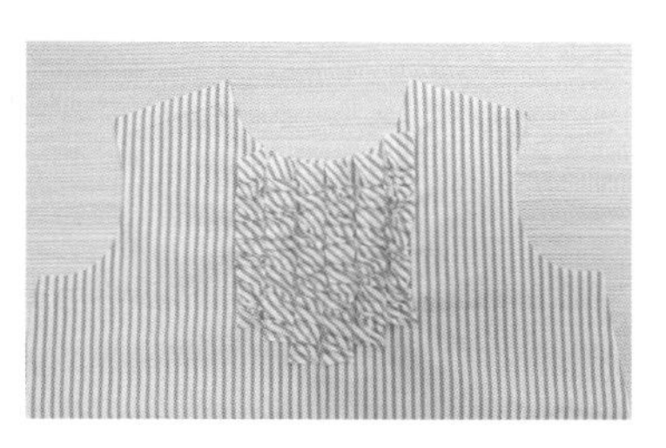

3 앞몸판 위에 프릴을 상침하여 고정한다.

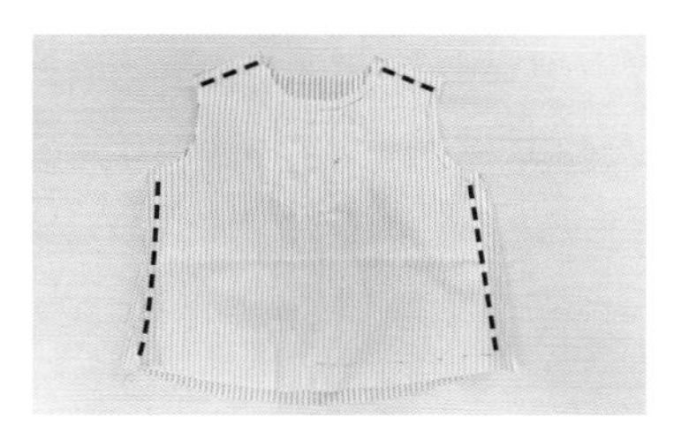

4 앞판과 뒤판을 겉끼리 맞대고 어깨선과 옆선을 재봉한 뒤 오버로크한다.

2 목둘레

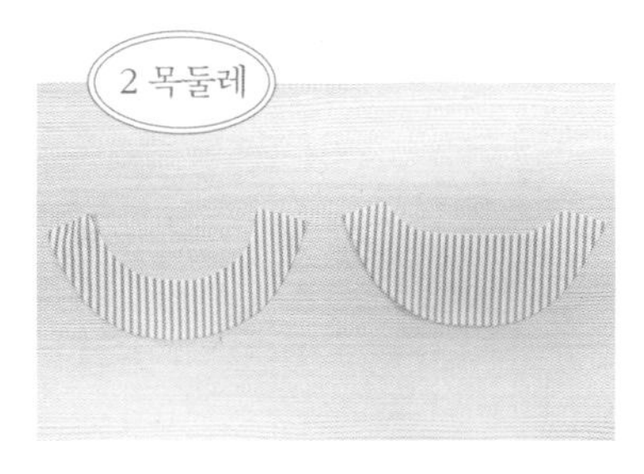

1 안단에 심지를 붙여 준비한다. (34p, 68p 참고)

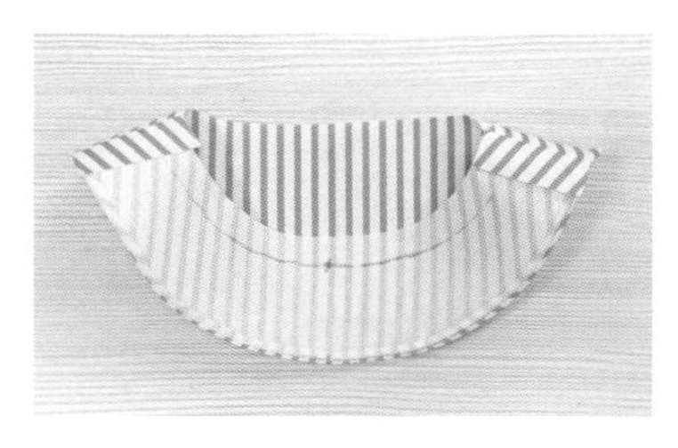

2 어깨선을 재봉하고 가름솔 처리 한다. (82p 참고)

3 뒤안단 중심에 트임 줄 선을 그리고 단추 고리를 준비한다. (85p 참고)

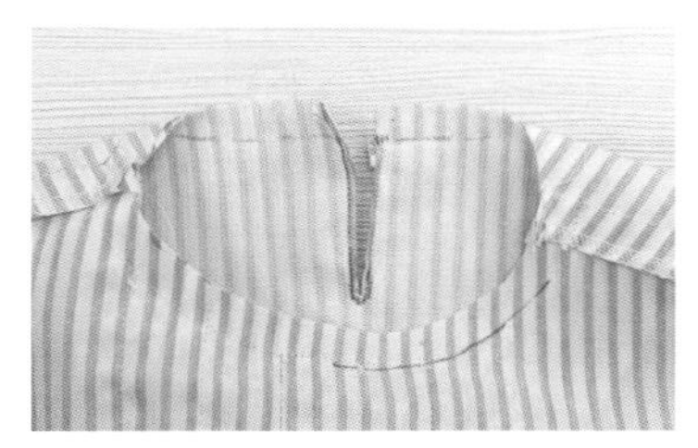

4 몸판 안에 안단을 넣어 겉면끼리 맞댄다. 트임을 주면서 단추 고리도 끼워 재봉한다.

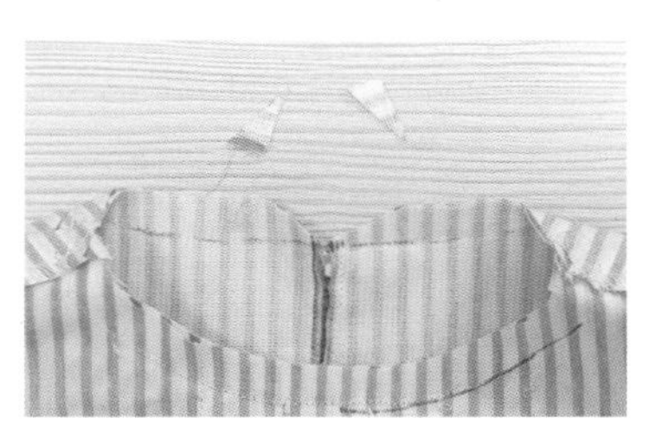

5 모서리 시접은 대각선으로 자르고 시접에 가위집을 준다.

6 시접 2장과 안단을 상침하고 안단을 꺾어 잘 다린 후 단추를 단다. (86p 참고)

3 소매

1 소매에 트임을 주고 커프스를 준비한다. (55p 참고)

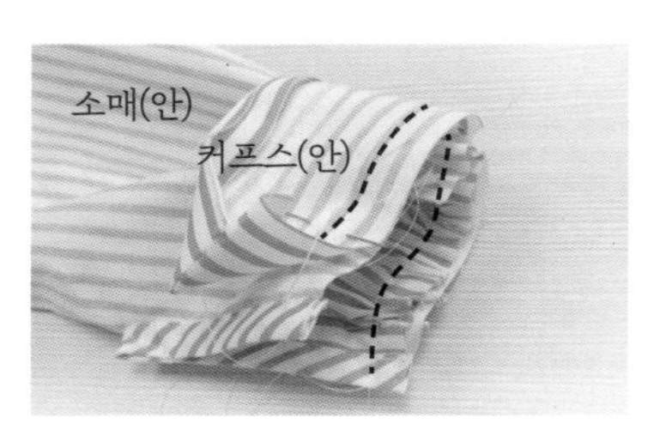

2 소매의 안쪽 면과 커프스의 1cm 접어, 다리지 않은 쪽 겉면을 맞대고 재봉한다.

3 폭 2~2.5cm의 프릴을 만든다.

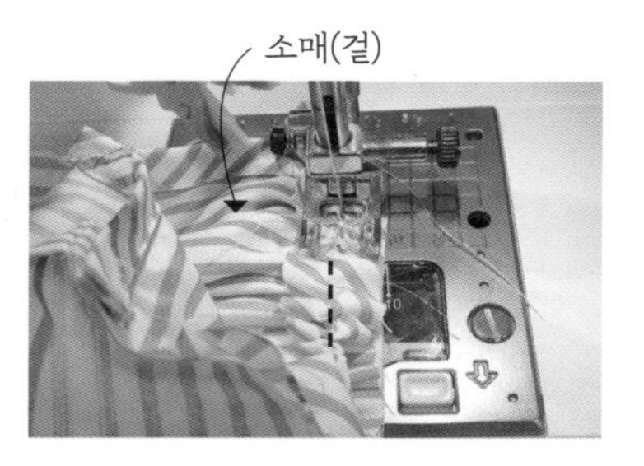

4 소맷부리 겉면과 프릴의 안쪽 면을 맞대고 상침한다.

5 소매에 프릴을 단 모습

6 미리 다려 둔 선을 따라 커프스를 접어 프릴 위에 올려놓고 상침한다.

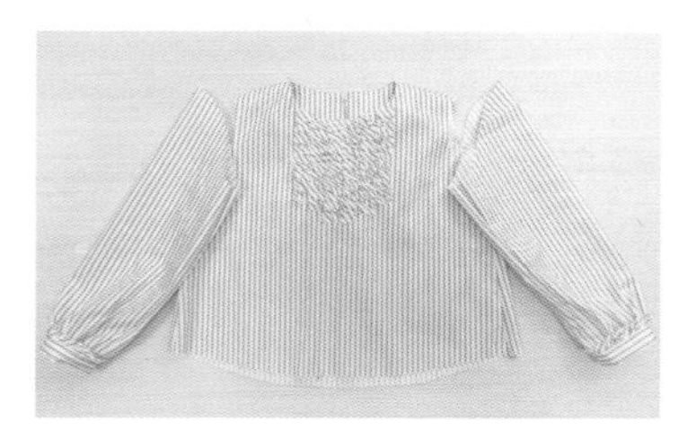

7 퍼프 소매를 만들어 몸판에 연결한다. (51p 참고)

말아박기로 마무리한다. (80p 참고)

실물 패턴 뜰 때 참고!

프릴 블라우스의 목둘레는 이 책에서 소개한 5~9번 옷 패턴 중 원하는 것으로 사용해도 된다. 밑단 말아박기가 어려우면, 기본 블라우스 라인으로 그린 다음에 시접 3cm를 주는 방법을 사용해 보자.

필요한 '부분 봉제법'만 쏙쏙 골라서 동영상으로 배워요!

〈코코지니의 친절한 원피스 교실〉 레슨 QR 코드

QR 코드를 찍어서 동영상 보는 방법

1 스마트폰의 카메라, 네이버, 또는 QR 코드 인식 애플리케이션을 켠다.
2 화면에 QR 코드를 대고 인식할 때까지 기다린다.
3 해당 영상의 주소가 뜨면 클릭해서 동영상 페이지로 이동한다.

※ 아래 QR 코드는 해당 Lesson 페이지에도 수록되어 있습니다.

사전 작업 정보

부분 봉제법

목둘레 트임 및 칼라

트임 없는 안단 1편

트임 없는 안단 2편

트임 없음(바이어스)

트임 없음(인바이어스)

뒤트임(바이어스+단추)

뒤트임(안단+단추)

콘실지퍼+안단 1편

콘실지퍼+안단 2편

앞트임

헨리넥

셔츠칼라

밑단 마감

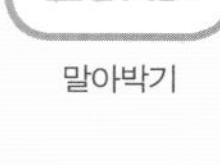

말아박기

옆트임을 주며 밑단 마감

솔기 처리법

허리끈 만들기

실루프 만들기

바이어스 만들기

천루프 만들기

단추 달기

단춧구멍 만들기
(손바느질)

단춧구멍 만들기
(재봉틀)

원피스 만들기 전체 과정 샘플

머메이드 원피스
만들기

원피스 만들기 디자인 응용 샘플

책 활용하여
원피스 만드는 법